舒适住宅理论

101 tips on new design rules for a comfortable home

[日]本间至 著　　董方 译

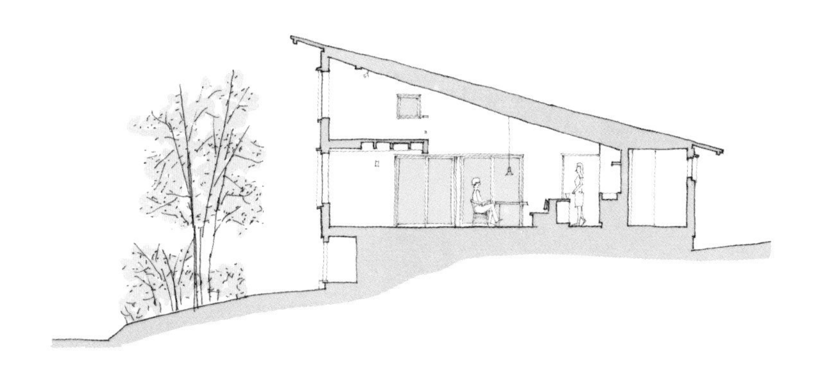

中国友谊出版公司

『建屋』就要从『场所』与『场所』的串连开始考虑

住宅的基本功能就是阻挡来自外界的所有纷扰，为住户提供一个安全可靠的居住环境，因此，它必须具备足够的抵抗能力。例如抗震性、耐热性，针对风雨及湿气的防水性及防风化性。除此之外，还有针对外来侵入者的防范性能等等。当然，具备这些乃是理所应当，然而，仅仅满足这些就真的能够成为一个长居好住的家了吗？

从另一方面来说，住宅又是围绕日常生活形态而存在的，因此舒适与否关系重大。要说到形态，首先想到的便是『格局』。只是，这里所谓的『格局』并不只是把几个房间平面串连那么简单，还应该从立体视角出发，考虑彼此间的关系。我们借助挑高空间把房间、楼梯、走廊划分为一个个独立的固化『场所』，再将这些『场所』巧妙连接，便组成可供居住的舒适空间。也就是说，在设计时是否带着这一意识，将『场所』串连并形成空间走向（共享空间、独处空间、来往过渡空间等），与舒适度有着莫大的关系。

了解何为长居好住的住宅空间，最好的方法便是身临其境。只不过，若不是亲自设计，很多时候无法真实体验。因此本书通过图片，将每一个『场所』以及与之相连的空间，作为一个独立场景呈现给大家。用图片与设计图（平面及截面）相结合的方式呈现出101种不同的场景，向大家介绍如何创造及串连空间。我想，这里所描绘的每一个场景，对各自住宅的舒适度多少都起到了一些作用。另外，我们在考虑住宅设计时，会涉及预算、性能、格局以及舒适度等各个方面，这需要不断商讨与磨合，而不是一意孤行，草草了事。这时，大家若能从本书中的某个场景得到启迪或灵感，我将感到不胜荣幸。

舒适住宅理论

目录

1章 造『静』技巧

2章 演出『动』感

3章 玩味『串连』

4章 格局衍生『走向』

1 章

造『静』技巧

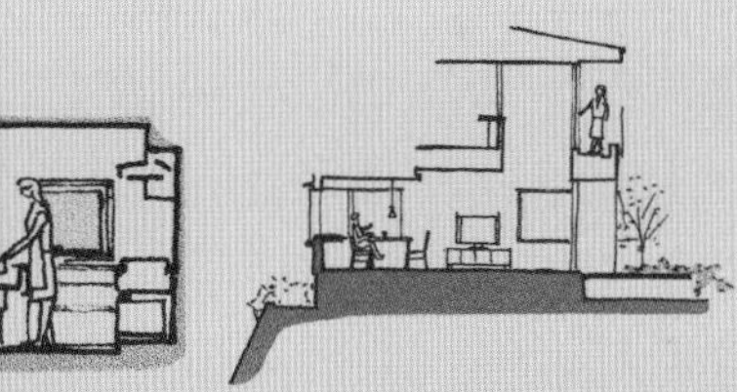
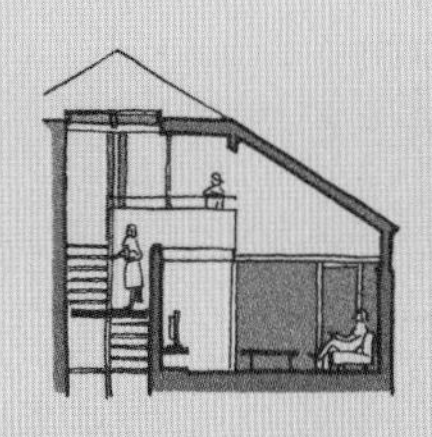

住宅空间大致可分为两个部分，一个是逗留时间较长的固定场所，例如LDK、卧房以及卫浴；另一个便是行进移动的过渡区域（详见第二章）。若能捕捉到过渡区域的律『动』感，便能衬托出之前提到的固定场所的『静』态美。

住宅舒适与否，很大程度上是由长时间逗留的固定场所决定的。这就必须综合考虑天花板的高低设计、开口部（门、窗）的位置与大小，甚至各个房间的串连方式等众多因素。如何组合这些制造空间的要素，会直接影响『静』态场所的舒适程度。

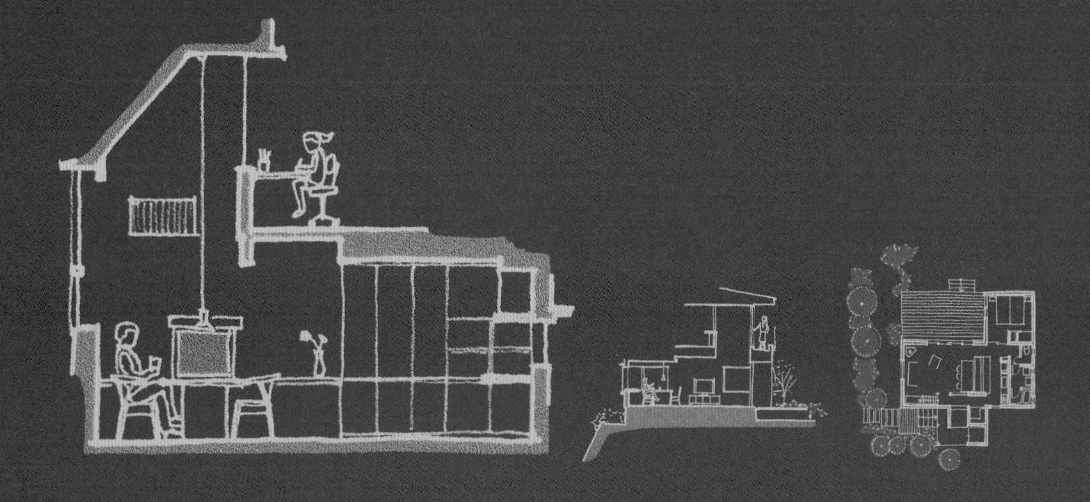

001

天花板制造空间走向

用天花板作为串连手段

尽管起居室天花板高 2.55m，不过部分放低 0.4m 左右，就能与餐厅持平，形成串连。如此一来，轻松实现起居室与餐厅的一体感。

起居室、餐厅、走廊等独立区域，一样可以通过打开或关闭埋入墙内的移门，调整彼此的串连形式。当移门完全拉开时，既保留了每个『场所』固有的沉稳，又柔和地将彼此串连成一个整体空间。除此之外，天花板也能制造空间走向。这户人家，就是压低了一部分起居室的天花板，自然连接餐厅与走廊，起到延伸空间的视觉效果。

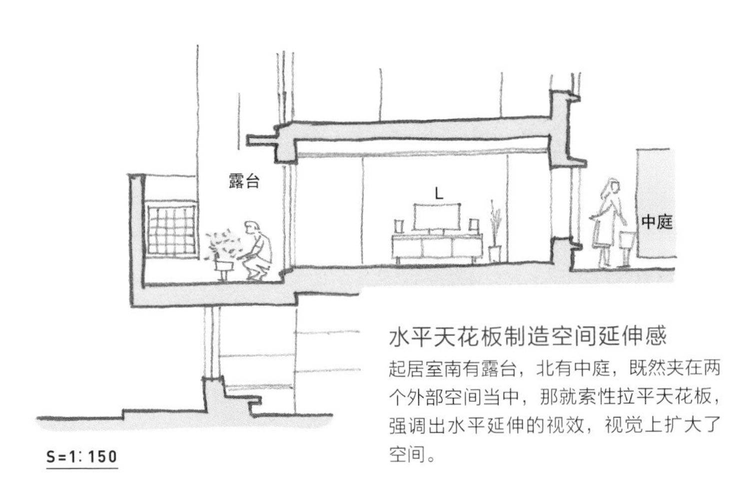

S=1:150

水平天花板制造空间延伸感

起居室南有露台，北有中庭，既然夹在两个外部空间当中，那就索性拉平天花板，强调出水平延伸的视效，视觉上扩大了空间。

视觉串连

从餐厅看到的起居室。尽管拉上移门是两个独立空间，不过起居室的沙发位置，和餐厅的餐桌周边，视线上是串连在一起的。

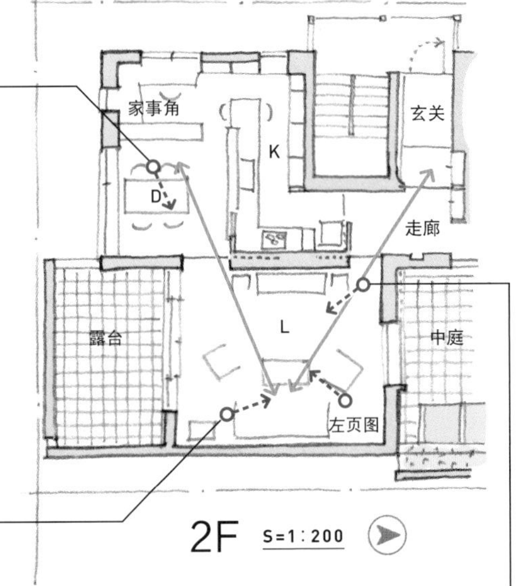

2F S=1:200

错位串连

起居室、餐厅、走廊等空间的错位串连，让视线轴落在对角线上，制造出空间延伸的视觉效果。

视线落在对角线上

坐在沙发上可以看到对角线沿路的走廊，延伸了空间。冬天或是夜晚，拉上移门保留了起居室原有的宁静与沉稳。

环绕设计空间扩大化

起居室与露台相连，突显大空间。露台的竖直外墙形成包覆，强调与起居室的整体性。

002 一种餐厅双重享受

压低天花板的高度

起居室面对餐厅部分的天花板高度被压低了。两段式天花板设计，被压低的部分更显餐桌周围空间的沉稳氛围。

起居室的一角是用餐区，刻意压低天花板之后，与起居室巨大的挑高空间形成鲜明对比。与此同时，大面积转角窗户纳入全景视野。餐厅的面积尽管不大，但低落天花板产生的沉稳感与大面积窗户营造的开放感，成就同一餐厅的双重感受。

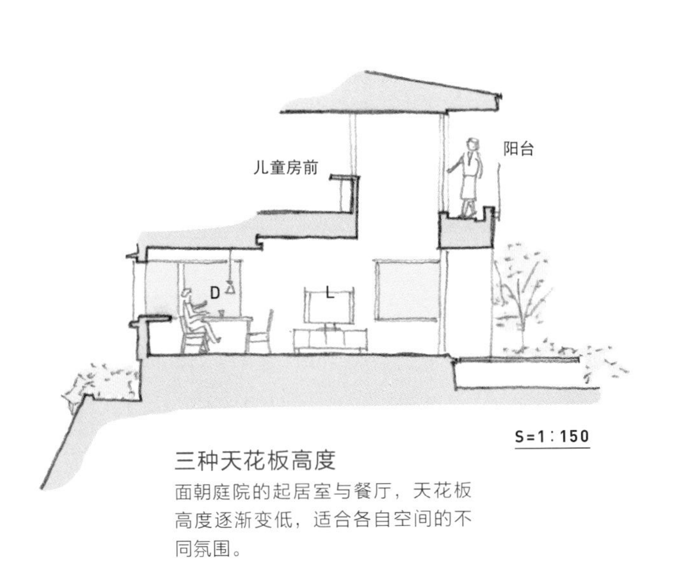

三种天花板高度

面朝庭院的起居室与餐厅，天花板高度逐渐变低，适合各自空间的不同氛围。

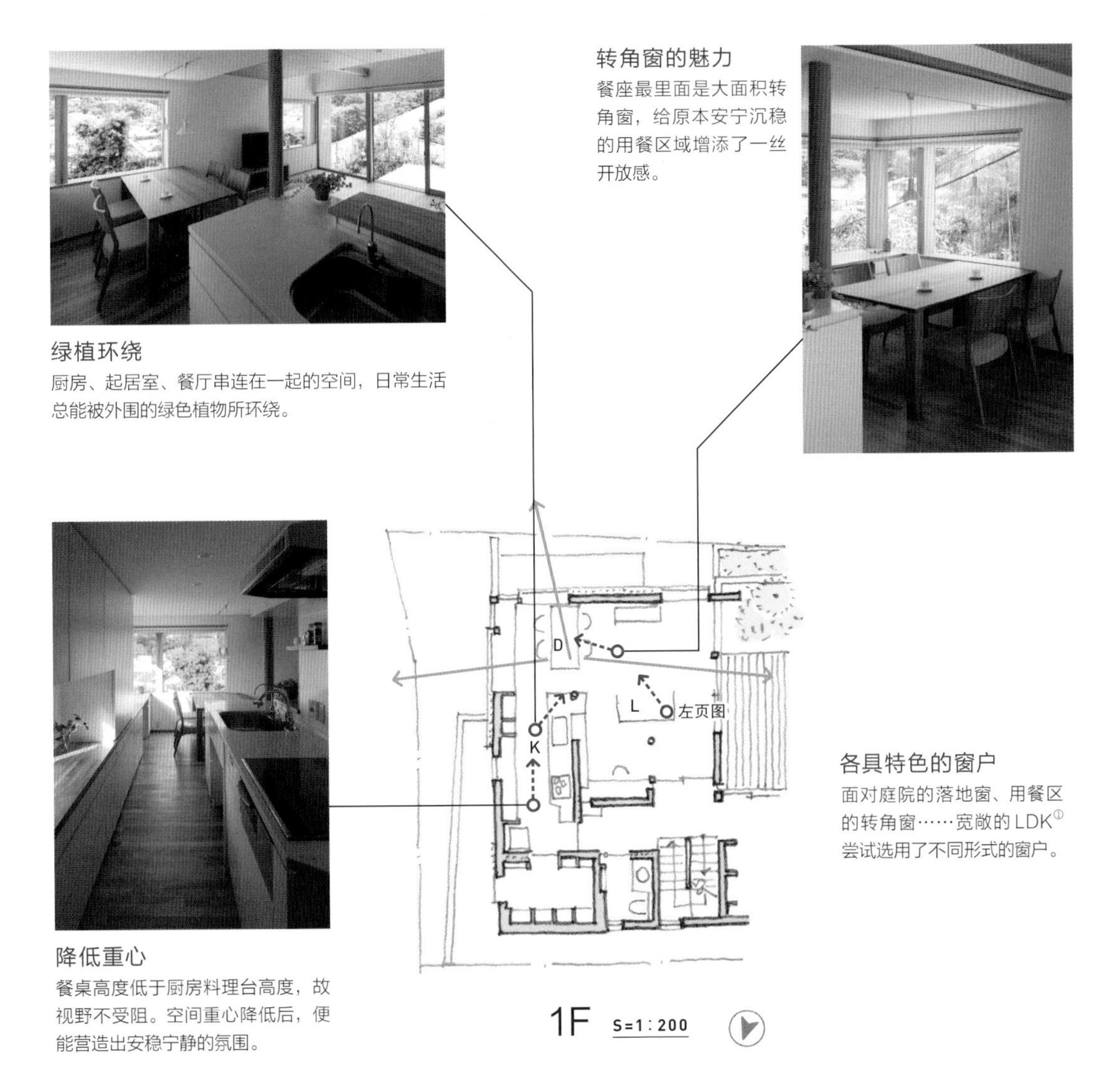

绿植环绕

厨房、起居室、餐厅串连在一起的空间，日常生活总能被外围的绿色植物所环绕。

转角窗的魅力

餐座最里面是大面积转角窗，给原本安宁沉稳的用餐区域增添了一丝开放感。

各具特色的窗户

面对庭院的落地窗、用餐区的转角窗……宽敞的 LDK[1] 尝试选用了不同形式的窗户。

降低重心

餐桌高度低于厨房料理台高度，故视野不受阻。空间重心降低后，便能营造出安稳宁静的氛围。

① 编注：这里 LDK 指起居室（living room）、餐厅（dining room）和厨房（kitchen）。

003 独立不孤立

制造独立不孤立的空间

从厨房通过餐厅可以看到起居室以及更往前的露台。看似三个空间尽收眼底，但丝毫并不影响它们的独立存在。

设计格局时，LDK最容易被安排在同一空间，所以它们的关系就是起居室、餐厅、厨房的简单罗列吗？虽然没有绝对答案，但舒适度却是我们永远的追求。

比如这户人家，起居室的内凹角用来作为厨房，于是餐厅也顺道设计在那附近。不仅如此，餐桌对于开放式厨房还起到隔断的作用，就像一道隐形的墙壁，把这里变成一个相对独立的空间。

从收纳到长桌

把起居室到餐厅的过渡墙面设计成收纳壁橱，与家事角的长桌相连。

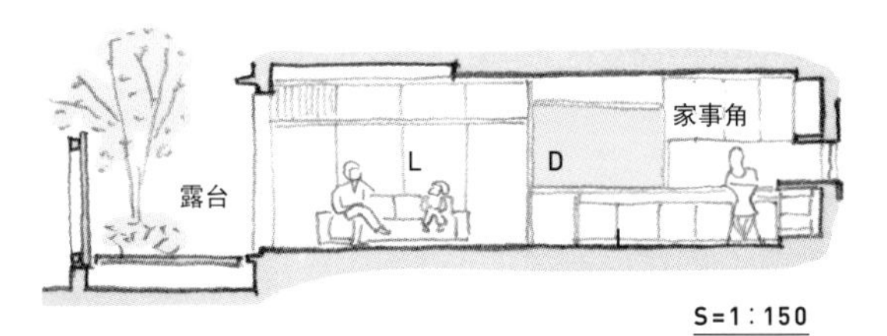

调节高度

餐厅被起居室、楼梯室以及厨房围绕，调节隔断墙的高度，打造出宽敞且沉稳的室内空间。

微波炉置于死角位置

微波炉放在厨房死角，无须担心油烟飞溅。

开放式 OR 封闭式

若从玄关也能直达厨房，那开放式和封闭式就各存优势了。

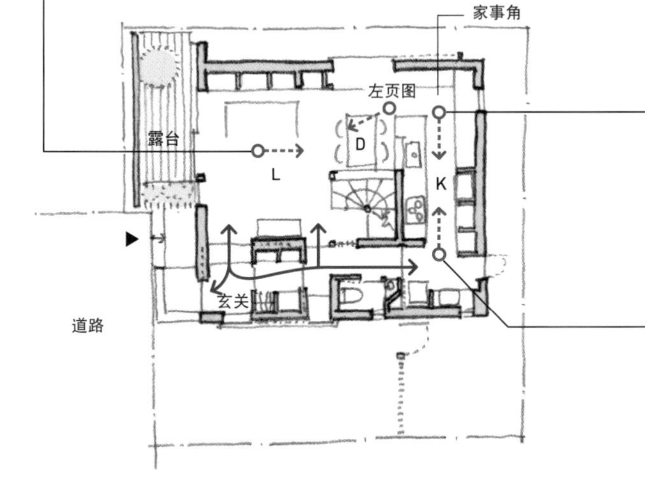

近在眼前的家事角

厨房水槽附近就是面对餐厅的开放式厨房。图片正前方就是一个小小的家事角。

004

便利性与舒适度并存

放低出入门洞的高度

控制连接起居室与和室门洞的高度，就像跨进另一个空间。

房间与其他区域的串连方式将会直接影响日常生活的便利性与舒适度。这户住家，LDK与楼梯室串连成一个大通间，通往和室的门洞也设计在此。从行进路线来看，因为LDK都在这里，便利性毋庸置疑，再加入一些串连空间的设计技巧，舒适度也有了保证。

保持适当距离

宽度绰绰有余的配餐台，拉开了餐厅与厨房的距离。

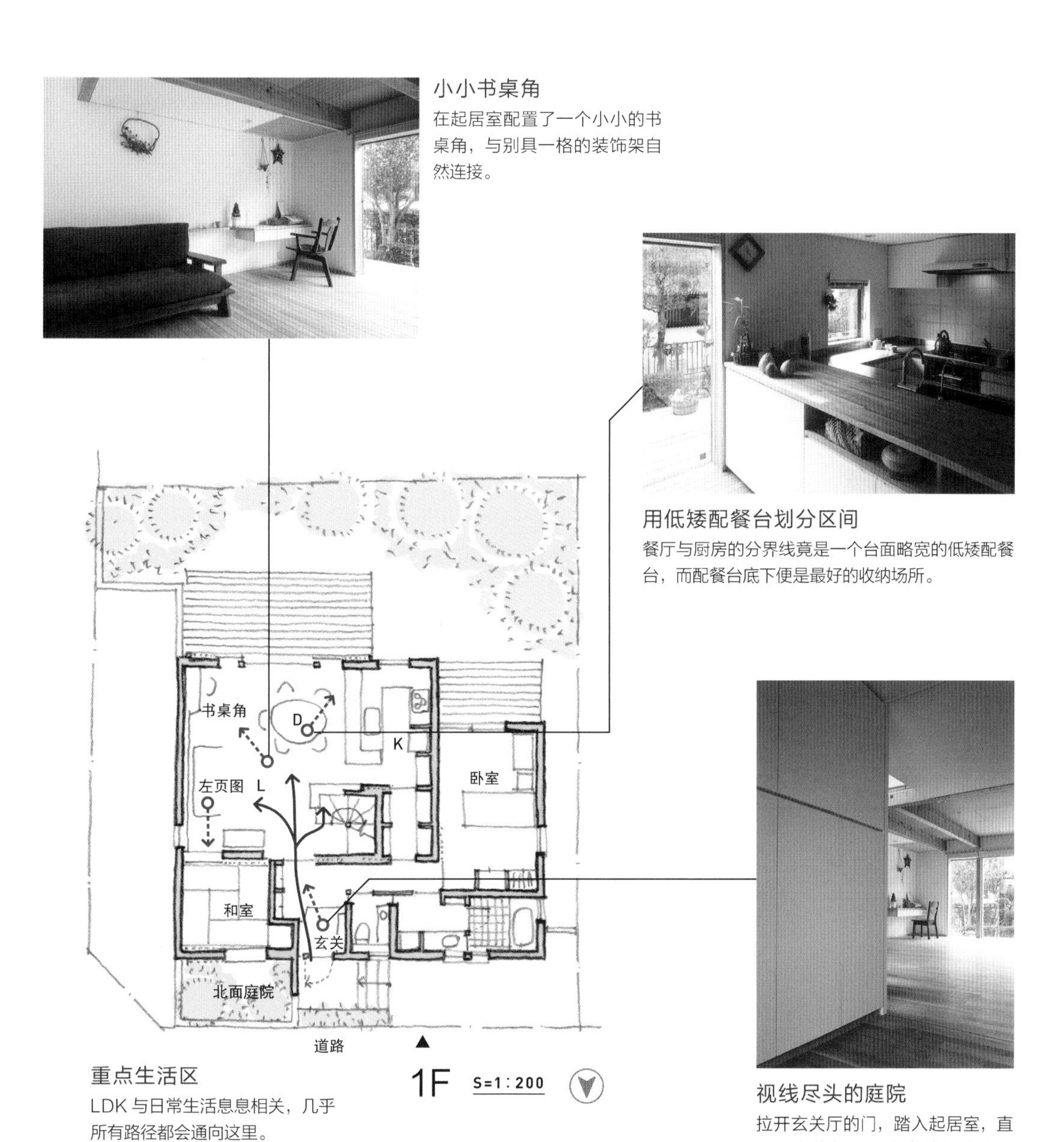

小小书桌角

在起居室配置了一个小小的书桌角，与别具一格的装饰架自然连接。

用低矮配餐台划分区间

餐厅与厨房的分界线竟是一个台面略宽的低矮配餐台，而配餐台底下便是最好的收纳场所。

重点生活区

LDK 与日常生活息息相关，几乎所有路径都会通向这里。

视线尽头的庭院

拉开玄关厅的门，踏入起居室，直入眼帘的便是视线末端绿油油的庭院。

005
挑高空间 串接上下楼层

纵横连接
从二楼阅读角可以往下看到一楼的餐厅。而厨房、餐厅又与室外露台相连，起到了视觉扩大的效果。

挑高空间的形式多种多样，而这户人家的挑高空间，则起到了连接上下楼层的作用。一楼餐厅位于挑高空间的正中央，二楼所有房间环绕挑高空间配置，其中卧室与单间选用移门，一打开便能往下看到一楼的样貌。阅读区域配置了固定书桌，正对着挑高空间。就这样，二楼所有区域都与挑高空间发生串连关系，同时也与汇聚人气的LDK紧密相连。

餐厅，重点区域之一

挑高空间连接家中每一个区域，其中就包括最重要的餐厅。

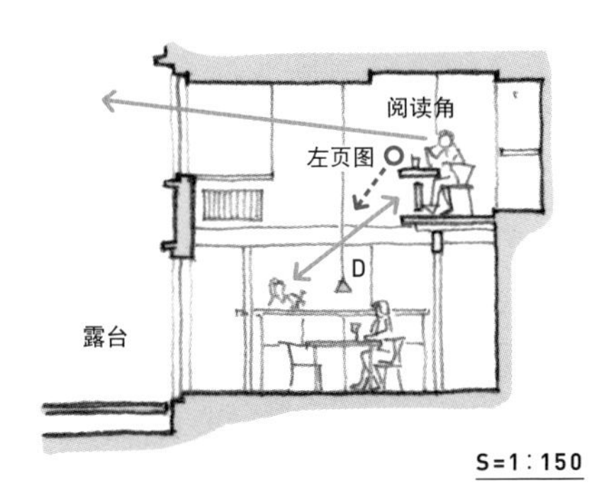

S=1：150

挑高空间成为家里的中心

餐厅上部的挑高空间，位于二楼区域的中央位置，是日常生活视线聚焦的中心场所。

室内外的连接

面向挑高空间的卧室内设有开口部，可以看见对面的单间。室外的绿色植物充满整个视野。

从挑高空间看到的绿色世界

阅读角的另一个功能便是充当走廊通道。从这里看到的绿色外景，美不胜收。

上下开口部

处于挑高空间中央的餐厅，透过巨大落地窗与露台串连，二楼也配置了宽度相同的侧高窗。阳光透过每扇窗户进入室内，形成不同的光影变化。

006

窗户与墙壁的关系

开放感与安定感

多亏有了侧高窗，确保冬季南面的充足采光。侧高窗下方是一整面墙，营造出了安定感。

这里是一户建筑面积仅22坪①的微型住宅，除去二楼的LDK，其余诸如储藏室、楼梯室等区域，必须严控在11坪（22帖②）之内。既然起居室面朝邻家，我们便在南侧设置一道墙，而视野宽阔的西侧，则设计了一处3帖左右的铺木露台，且与起居室串连。露台前端的板壁使起居室与铺木露台成为一个整体，让起居室的面积看起来远大于实际面积。

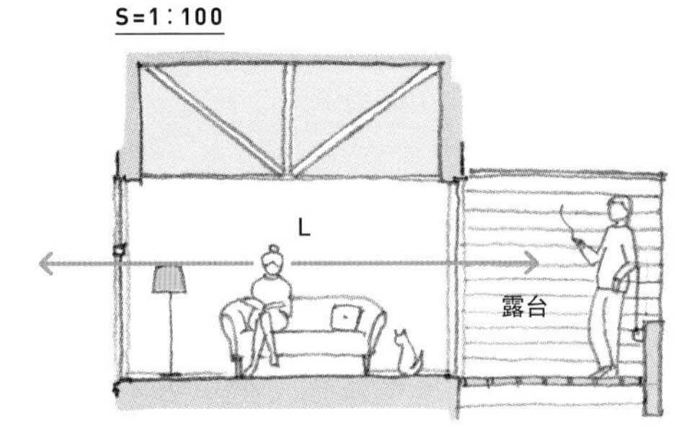

墙壁与窗户的关系

坐在沙发上，两侧均保持视野的畅通，后背靠墙又显得安稳，与开放感毫不冲突。

欲断不断

起居室与餐厅都选用不同形式的玻璃门作为与楼梯室的隔断，打开玻璃门，整个空间便连成一片。

段窗

为了能借助东侧邻居家的庭院美景，我们选用了通透的落地窗。出于安全考虑，固定了落地窗的下部，上端则采用有利于通风的移门窗形式。

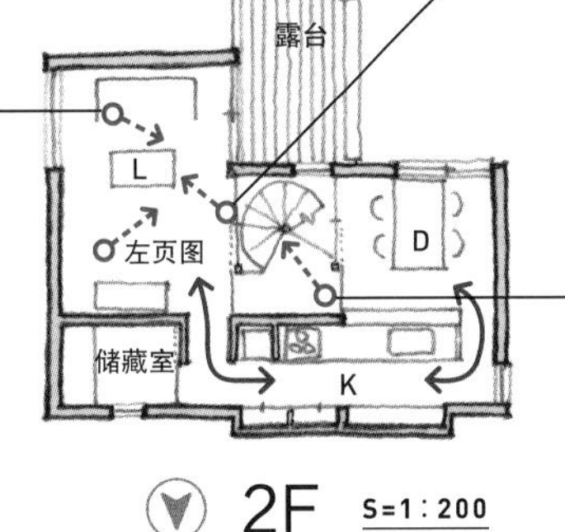

厨房是过渡空间

这是一组起居室、餐厅分布在楼梯室左右两侧的案例。重点在于厨房，作为过渡空间可以分别通往以上两个区域。

视觉回游

移步楼梯室就能看到窗外的铺木露台，视觉有了回游余地，便能豁然开朗。

① 编注：坪为日本面积单位，1 坪约合 3.3m²。

② 编注：帖为日本榻榻米的计量单位，1 帖就是一张榻榻米的面积，约合 1.62m²。

007

视觉扩大法

纵深感取胜

尽管玄关狭窄，好在正面有一道日照充足的旋转楼梯。空间纵深感弥补了先天的不足。

这是一个四口之家的住宅，建筑面积仅22坪。除去LDK，一楼11坪（22帖）的空间内还包括卫浴（洗漱室、厕所及浴室）和玄关。厨房与卫浴必须满足生活最低需求的空间大小，结果就是起居室与餐厅只能被挤在剩余的空间之内。尽管如此，我们还是想让这两部分空间看起来尽可能大一些，所以决定将一部分本原属于玄关的空间，拿出来划给LD。

话虽如此，可是若从玄关就能一眼望到室内，也太无悬念，于是决定采用天花板连成一片、地面做出高低差，并且利用储物隔断墙简单划分区域的设计方案。如此一来，视觉上不至于一览无遗，而实际空间还是一体的。不仅如此，LD看起来还显得比实际面积大一些。

S=1：100

隔断墙储物

隔断墙划分起居室与玄关，并利用它的高低差，制造出一堵两面均可开启的储物隔断。

含蓄隔断法

两根承重圆柱，不露声色地将起居室、餐厅与玄关、楼梯室划分开来。

天花板连接法

储物隔断墙的另一头便是玄关。尽管这样的隔断方法在视觉上划分了玄关与起居室，但同一片天花板的设计又巧妙地确保了空间的连续性。

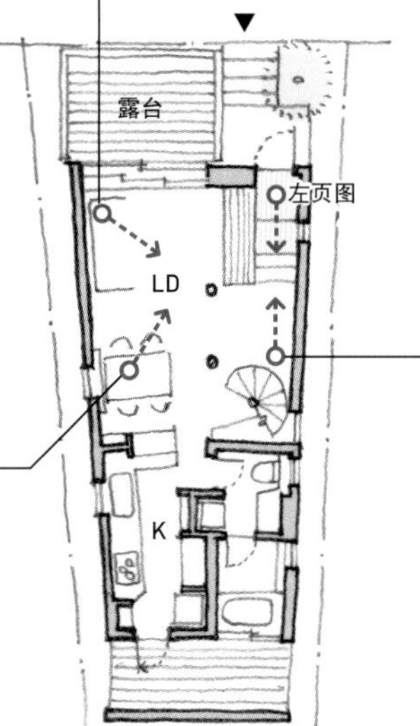

1F S=1：200

制造独立“场景”

在起居室与餐厅所在的空间，除了玄关之外，还包括一处旋转楼梯。各环节既保持相对独立，又不欠缺整体感，共同营造出一个宁谧安逸的居住空间。

视线通向外部

这里是玄关土间①。为了避免戛然而止的突兀感，特意选用木百叶作为玄关大门。

① 编注：土间是日本住宅中区分室内室外的过渡空间，一般低于客厅、玄关等，与外面的地面持平。

008
天花板高度划分『场景』

三种窗户
这里的起居室层高较高，包括高窗在内，我们选用了三种不同类型的窗户来装扮空间。

这户住家的二楼是由LDK共同组成的一个大通间。我们从起居室往外扩充出一个铺木露台，并与起居室、餐厅、厨房及其他区域都保持连接关系，但因为天花板高度各不相同，各自又能保留相对的独立性。用这样缓和的方式划分空间，充分满足了生活所必需的便捷性与实用性。

天花板的高度变化

大通间式的 LDK，实现了水平方向视觉的延伸，又因为天花板的高低变化，保留了各自的独立性。

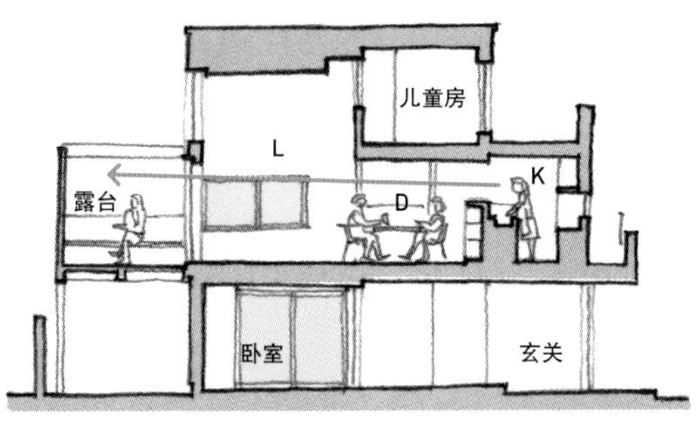

S=1：100

制造纵深感

从铺木露台出发，一路经过起居室、餐厅，再到厨房，打造出一个具有纵深感的居住空间。

无赘肉设计

紧凑的厨房设计。在部分天花板上开启了天窗，引入自然光线，确保充足采光。

2F S=1：200

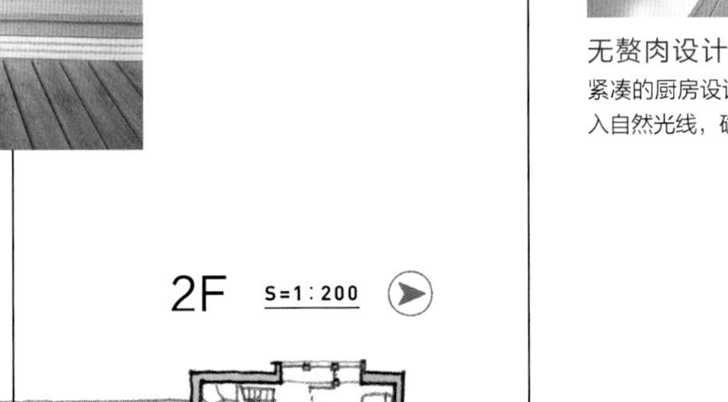

制造纵长视线轴

站在厨房水槽位置看去，视野开阔一路延伸至露台。

制造包覆感

为了营造出餐厅的沉稳氛围，刻意将餐厅与厨房之间的收纳架做高，令人安心的包覆感就此产生。

009 狭小挑高空间的效果

两条视线轴

一进入房间，庭院中绿色世界便映入眼帘。除此之外，通过挑高空间的侧高窗还可以看到天空。

说到挑高空间，最容易联想到的就是一个巨大空间。其实不然，只要在天花板上凿出小开口，同样也是『连接上下楼层』的一种形式。如果我们只看挑高空间在住宅中的作用，就会发现，其实关键不在大小，重要的是如何制造上下楼层的关系。

这户人家中，在起居室沙发的上部开出一道小口。从二楼和室就能通过开口往下看。此外，挑高空间的顶部还配置了天窗，自然光通过这里落向其他层面。

常伴左右的反射光线

拉开二楼和室的移窗，往下就看到起居室。从天窗进入室内的光线经由墙面反射而下。挑高空间虽然狭小，光线却还充足。

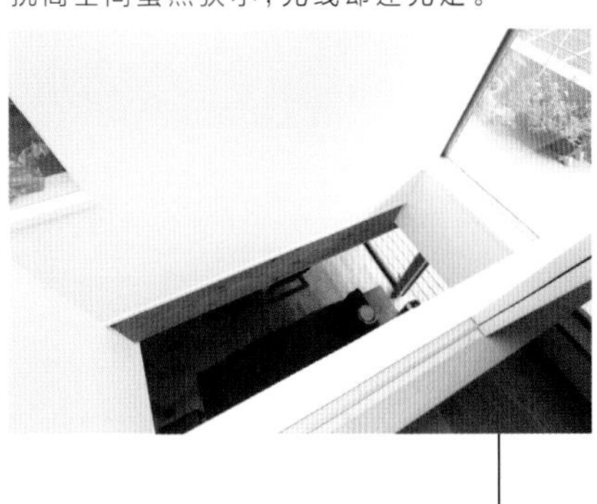

家中的关键区域

乍看犹如管道般的挑高空间，却是连接每个房间的关键部分。

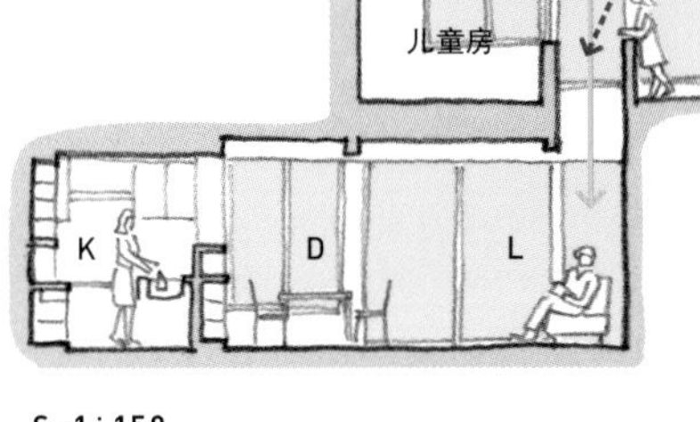

拉开移窗就是挑高空间

和室位于二楼，拉开正面的格子门便能通往露台。而左侧的移窗连接挑高空间，可以在这里往下观望。

墙壁与天花板的关系

起居室的一部分连着挑高空间。沙发背后的白墙与实木天花板形成强烈对比，视觉上又产生了一股向上的吸引力。

1F S=1：200

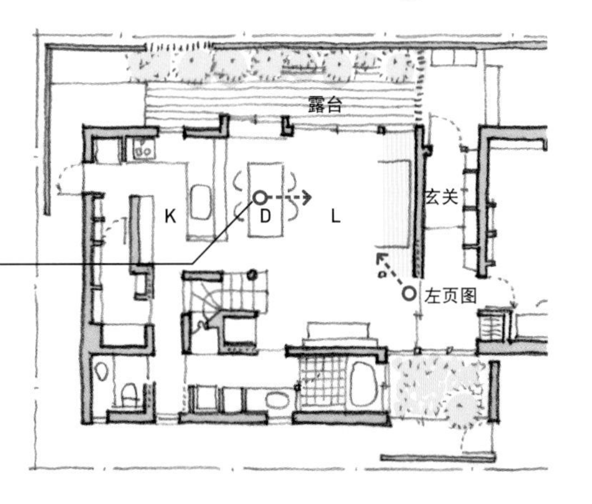

别样包覆感

起居室沙发的上部，连带小小的挑高空间（黄色部分）。二楼和室、儿童房、露台环绕配置，演绎出别样包覆感。

010

主要居室置北

利用墙壁

通过天窗洒入室内的阳光，经由墙壁反射后直落一楼。

日式住宅中，通常会选择南面采光，因此主居室配置在南侧的设计方案较为普遍。然而，这户住家却采用LD置北、南面自然光经由楼梯室进入室内的形式。事实上，楼梯室也同样设计在北侧，只不过我们将天花板做高，利用天窗一样能将南面的自然光引入室内。

不仅如此，经由天窗入内的光线，通过楼梯一路直达一楼，因此把楼梯安置在北，反而更有利于将来自南面的自然光带向住宅内的各个角落。

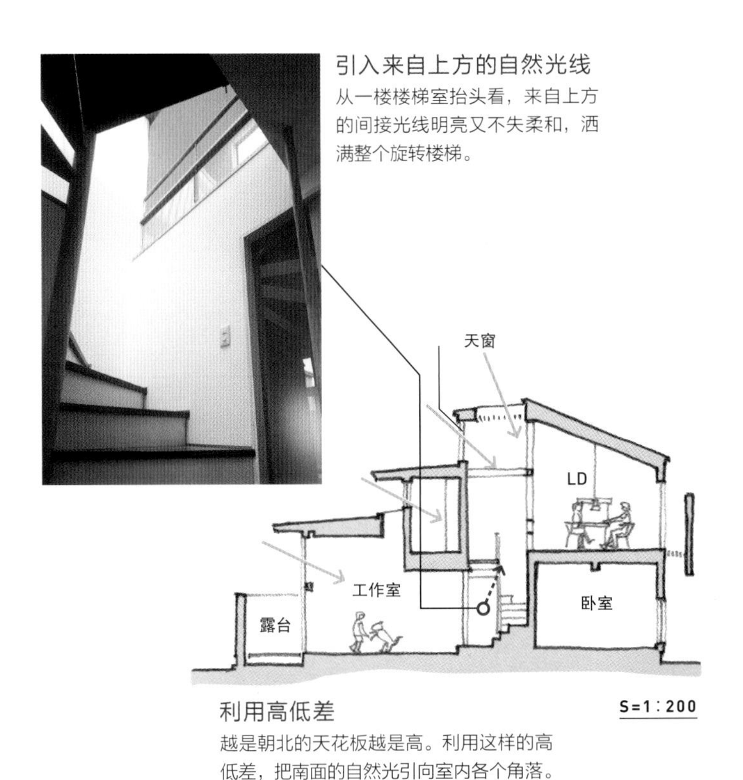

引入来自上方的自然光线

从一楼楼梯室抬头看，来自上方的间接光线明亮又不失柔和，洒满整个旋转楼梯。

利用高低差

越是朝北的天花板越是高。利用这样的高低差，把南面的自然光引向室内各个角落。

貌似通透的楼梯扶手

为了方便光线导入，旋转楼梯看似采用了通透的扶手。其实不然，考虑到安全问题，特意配置了透明的强化玻璃。

做高天花板的理由

把 LD 的天花板做高，既可以与楼梯室保持在同一空间，又便于直接引入来自楼梯室的自然光线。

洗衣及室内晾干区域
K
LD
左页图
露台

2F S=1：200

楼梯置中

楼梯室周边恰好落在回游动线[①]的范围之内，南侧的通路可以用来洗衣及室内晾晒。

① 编注：回游指双向或多向通路；动线指流动路线，非死路。

011

两处用餐

下沉式暖桌

这是一张直径为 1.4m 的下沉式橡木圆桌，既不用盘腿而坐，地暖还保证了来自足下的关怀。

是要在哪里吃饭呢？如果一人居住自然不用考虑那么多，可要是一家人就另当别论了。餐厅里倒也不是非得摆一张正儿八经的大餐桌，重要的是全家人在哪里用餐。这户住家就没有正式的大餐桌，而是利用宽大料理台的一侧来进餐。除此之外，还有一张下沉式圆桌，不用担心脚会摆放不适，并且一家人围坐用餐，其乐融融。

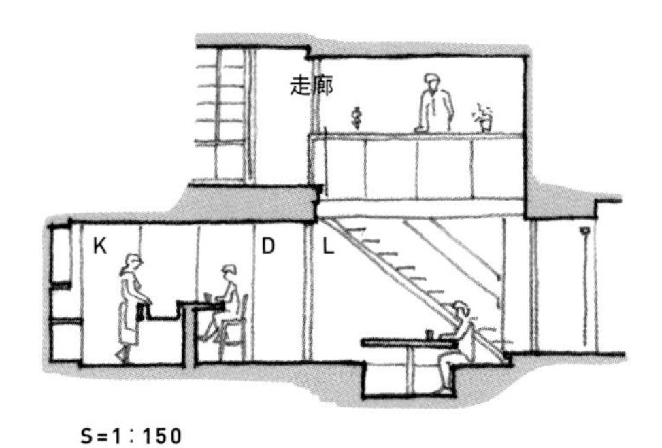

天花板高低差异

相隔不远的两处用餐地，天花板高度却不同。下沉式圆桌所处为挑高空间，间接与二楼走廊相串连。

一个空间两处“场景”

吧台与圆桌，两个用餐场所与挑高空间、中庭、游戏室等共享同一空间。

嵌入式家事角

厨房旁侧有一个嵌入式家事角，低调不张扬。打开书桌前的小窗，可以望到前面的游戏室。

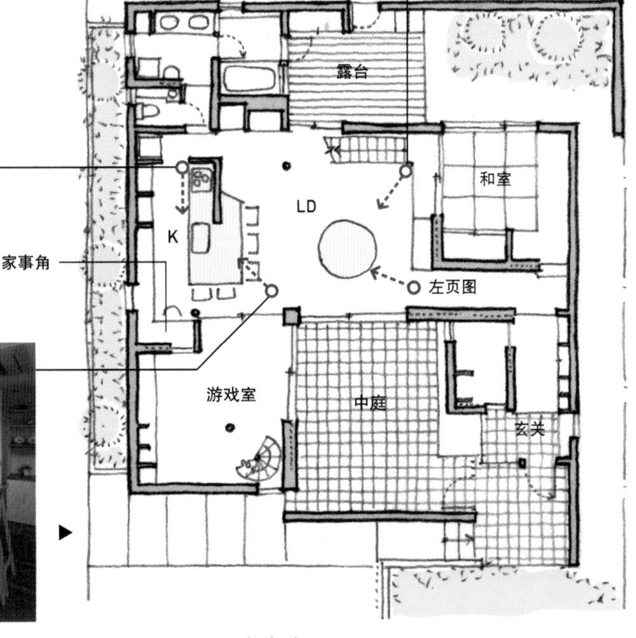

半岛式厨房

将厨房吧台桌面扩大，就变成用餐场所。五个人同时用餐，依然绰绰有余。

大串连

LDK 缓缓落在同一空间。推开视线，我们甚至还发现与游戏室、和室、中庭形成了一个更大的串连。

012

纵向连接各楼层

纵横相连

从三楼卧室往下看到的二楼起居室。与露台相连之后，横向延伸了空间。

这是一处占地仅20坪的三层楼微型住宅。正因如此，唯有纵向发展空间，才能在视觉上形成大于实际面积的效果。

三楼卧室与二楼起居室所处挑高空间、厨房所处半挑高空间串连。此外，在二楼餐厅地板凿有开口，并安装强化玻璃，就可以看到一楼的预备房。这样，我们利用挑高空间与小开口，将各楼层串连，家庭成员即便分散各处也能彼此关心。

光与风的纵向流动

挑高空间与小开口让分散在各处的生活区间产生交集，与此同时，也是光与风纵向流动的路径。

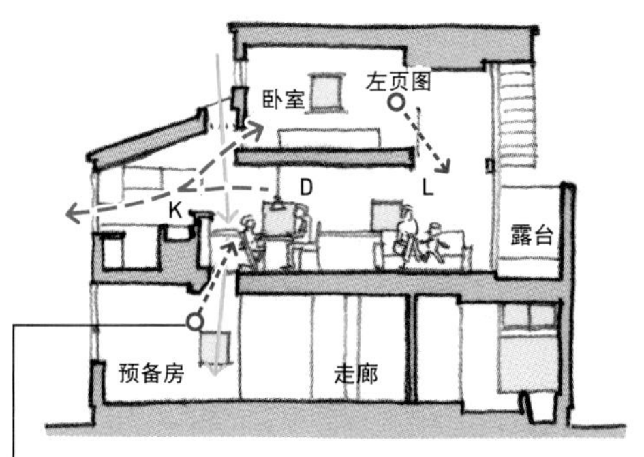

S=1：200

同一空间中的不同“场景”

虽然是将房间分散在同一空间的方案，但通过楼梯室、深墙露台，以及挑高空间，不露声色地制造出多个“场景”，既分散又不失整体感。

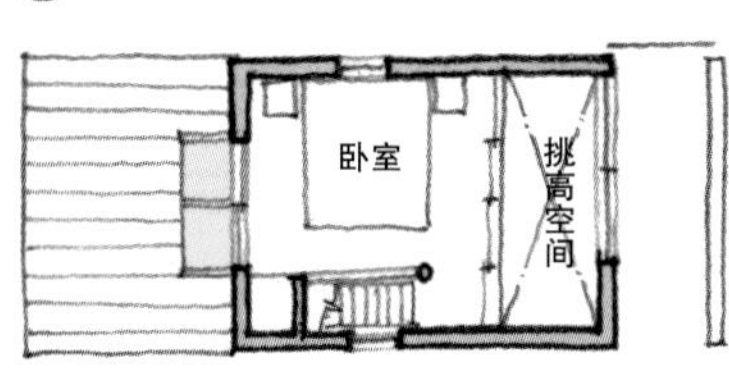

3F S=1：200

移门隔断

卧室面向起居室所在的挑高空间，可以用四扇移门隔断空间。

K
D
L
露台
小开口

2F S=1：200

一楼也能直接采光

一楼预备房的天花板上凿有小开口，通过二楼厨房上部的天窗，可将自然光线引入室内。

利用天花板高度差

厨房天花板高于餐厅，利用这部分高度差与楼上卧室产生相连关系；卧室一侧的脚下开有小口，并用移门划分空间。

013

制造大通间LDK的纵深感

放开手脚做料理的乐趣

开放式厨房的大型料理台，可以大显身手毫无拘束感，充分享受做料理的乐趣。

设计格局时，倘若只是按部就班地随意罗列LDK，未来的居室将会缺少安逸感。为了避免这样，就得挖掘大单间的特点，让LDK变成舒适惬意的空间。

例如这户人家就属于南北见长的格局，于是我们索性将视线轴拉至南面的大露台，将庭院的绿植也纳入视线范围。

K
D
L
露台

S=1∶150

制定走向

根据天花板高度、窗户位置等要素，设计出走向清晰且拥有纵深感的大通间。

制造纵深感

站在厨房水槽前，放眼餐厅至起居室，视线毫无遮挡，一眼便看到露台的绿植。这样的设计为这个集LDK于一室的大通间制造出足够的纵深效果。

两根通天独立柱

大通间里有两根独立的通天圆柱，它们的存在将楼梯旁的通道（黄色部分）自然划分成具有流动性的过渡区，而其余部分（LDK）则都属于生活区域。

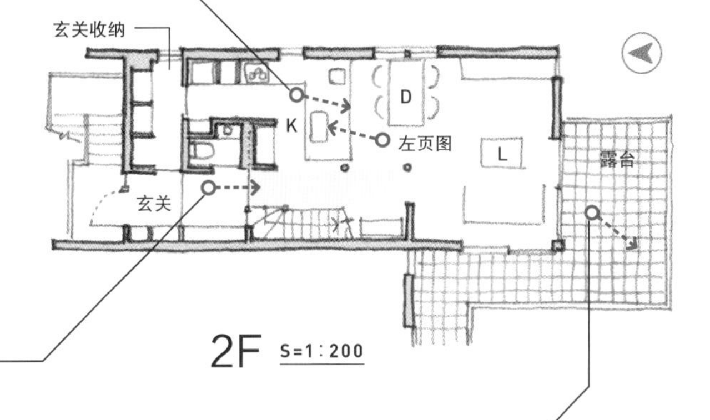

2F S=1∶200

豁然开朗

一进入玄关，拉开移门，视线就可以到达另一头的露台。此外，楼梯的存在又将注意力吸引至二楼。

大露台

南面的大露台可以由上而下欣赏眼底一片绿，产生不一样的视觉享受。

014

起居室与楼梯室的暧昧关系

借由挑高空间产生连接

从起居室望去，楼梯似乎藏在图中正面墙壁的背后，事实上只要走近一看，就会发现楼梯室与起居室共处同一空间。

光看平面图感觉楼梯室是一个独立空间，然而它却与起居室共存于同一空间。上楼梯时，从转角平台开始就能看到起居室全貌，原来它们是连在一起的。

楼梯室安置何处，完全得从住户日常生活的实际需求出发。至于以何种形态存在，可以从独立型、与起居室共存型，或像这户人家这般若即若离的暧昧型等多方面考虑。

制造上下楼层的连接关系

为了让上下楼层产生清晰的连接关系，可以尽量减小隔断墙的面积，以及去除踢脚面，让楼梯悬空起来。

2F

K

D

露台

冰箱

洗衣机

左页图

L

S=1:200

移门的功能

起居室与餐厅，起居室与楼梯，都可以用移门作为隔断。通常情况是将移门收入墙内，让家庭成员始终处在同一个居住空间内。

开合移门

从楼梯室方向看到的起居室。尽管空间上依然相连，但只要从墙内拉出移门，就能将楼梯室与起居室隔开。

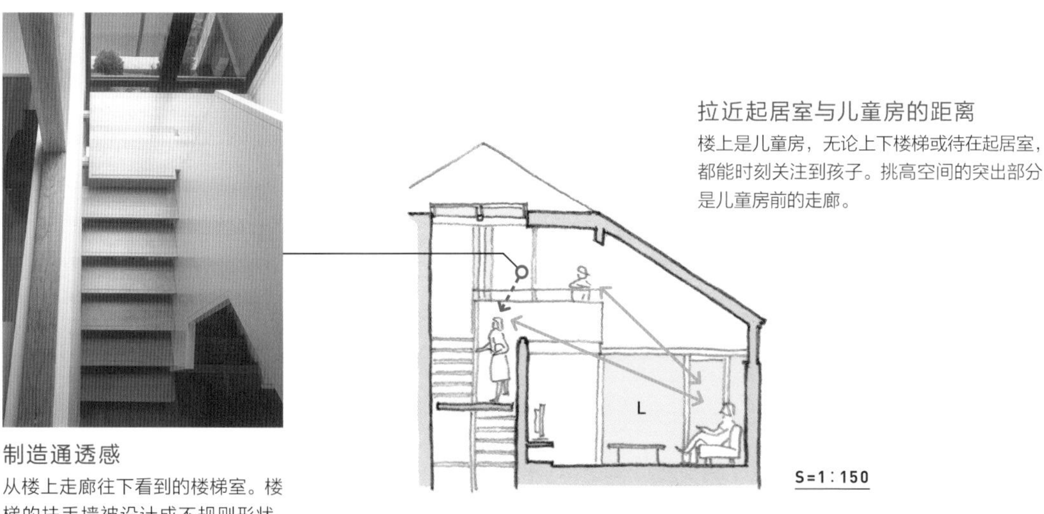

拉近起居室与儿童房的距离

楼上是儿童房，无论上下楼梯或待在起居室，都能时刻关注到孩子。挑高空间的突出部分是儿童房前的走廊。

制造通透感

从楼上走廊往下看到的楼梯室。楼梯的扶手墙被设计成不规则形状，为的是形成视觉上的通透感，减少闭塞感。

015

多用途大通间

低矮天花板营造沉稳感

小阁楼的存在反而让低矮天花板造就沉稳、安逸的空间。

多用途周末住宅的变通性毋庸置疑，一人世界、家人同乐，抑或是三五朋友吵闹聚会……不用专设房间，只要有一个灵活多变的空间就能以策万全。

这里要介绍的两层楼居室是一个带小阁楼的大通间，同一空间演绎三处『场景』。一个人惬意笃定，一群人也不显拥挤。

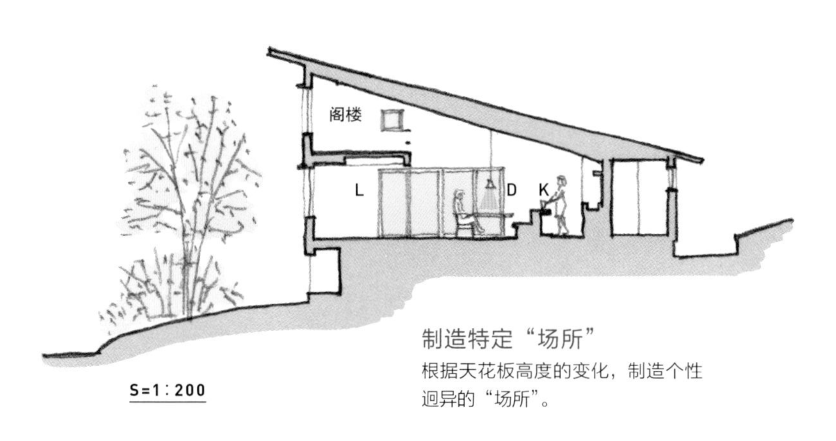

S=1：200

制造特定“场所”

根据天花板高度的变化，制造个性迥异的“场所”。

融入大自然的露台

LD 的外侧，还连着一个与室内等大的铺木露台。为室内与外界绿植制造出恰到好处的距离。

露台
卧室
左页图
LD
K
卫浴
玄关

1F S=1：200

紧凑无赘肉

除了LDK与二楼阁楼，这里只有卫浴和一间小卧房，是一处毫无赘肉的瘦身型格局。

照明制造向心力

这里有一组悬于倾斜天花板的吊灯，温馨的柔光凝聚出餐桌周边的向心力。

配餐台分出区域

厨房与用餐区之间夹着低矮配餐台，自然划分出各自领域。

016

楼梯划分空间

用窗户划分

餐厅与起居室隔着楼梯两两相望。楼梯室的纵长玻璃窗把墙壁一分为二，一边餐厅，一边起居室，起着划分“区域”的作用。

遇到占地狭小的住宅，多数会采用把LDK安排在同一楼层的设计方案。这时，即便是开放式厨房，也总能想办法用料理台划分开区域，而起居室与餐厅就得安排在一起了。这样的格局虽然不算太坏，但多少丧失了独立性，此时就应当考虑如何才能婉转划分。

然而，就算LDK挤在同一楼层，也没办法省去楼梯。既然这样，要不要索性用楼梯来划分起居室与餐厅呢？如此一来，同一楼层中形成三足鼎立（起居室、餐厅、厨房）的局面，各自拥有独立且固定的空间。

D
L

天花板的功劳 S=1：100

餐厅一侧，部分天花板向下倾斜，营造出沉稳、温馨的氛围。

低矮隔断墙

共存于倾斜天花板之下的起居室与餐厅，有着相串连的关系，但又通过低矮隔断墙保留了各自的独立性。

3F S=1：200

D
左页图
L
K

环绕动线

长方形格局中，同样可以把起居室、餐厅和厨房划分成三个区域。动线顺着旋转楼梯的转向，环绕着进入各个领域，互不干涉。

弧形低矮隔断墙

由下至上的旋转楼梯隐藏在低矮隔断墙之后，曲面弧度刚好配合环绕动线的走向。

见首不见尾的厨房

从起居室看到的厨房。料理台的低矮隔断墙和收纳柜，将容易出现在厨房的杂物统统隐藏起来。

017

实用家事角

环绕且开放

被书架与低矮隔断墙环绕的家事角。尽管被环绕，但上半部分是敞开的，安心却不闭塞。

这户住家的厨房旁有一个家事角，过道把它们左右隔开，提升了各自的独立性。由于家事角是女主人的地盘，所以紧挨厨房且相对独立的设计形式，完全顺应了实际生活的需求。

总之，说来简单的家事角，其功能却多样繁杂，那到底要安置在哪里呢？只有从生活需求出发，才能发挥出它的最大功效。

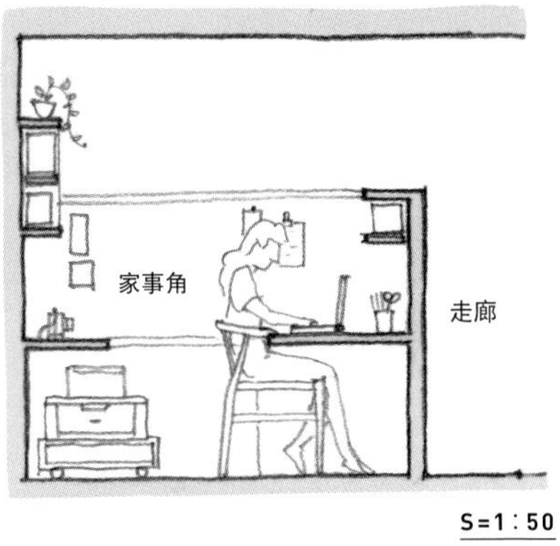

家事角
走廊
S=1:50

墙壁高度的重要性

家事角桌前的那堵墙很有讲究，高度设定恰到好处，让人坐不露首，站起来又能眼观八方。

空间上的连接

下楼梯时往下可以看到家事角，再往里还能看到厨房。

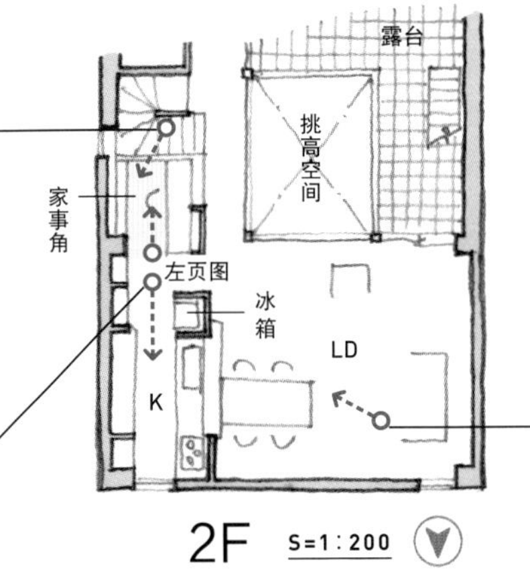

厨房三隔断

虽然是开放式厨房，但灶前的隔断、隐藏冰箱的隔断以及家事角的书橱隔断，把起居室与餐厅变成一个独立又相连的大空间。

I 型厨房的基本形态

这里的开放式厨房是一个简单的 I 型厨房。水槽前的低矮隔断有遮挡视线的功能，图中右手边的操作台还可以摆放餐具。

营造安逸氛围

餐桌旁的矮墙可以用来收纳杂物，而背面就是厨房。正因为有了这组收纳矮墙，让餐桌周围产生了微妙的包覆感，制造出安逸沉稳的空间效果。

018 紧凑、合理的家事动线

阳光满屋

无赘肉开放式厨房。360° 无死角完全被阳光覆盖。

我们在有限的占地面积内，将LDK、灶台用水区和卫浴统统安排在同一层，就是为了把与家事有关的区域集结在一起。更衣室脱换衣物、备餐间附近洗衣、露台晾晒或楼梯室前室内晾晒，一气呵成。

设计方案既要从日常生活的全方位出发，也需要兼顾家事动线的重要性。

狭小挑高空间的效果

厨房上部就是挑高空间，尽管狭小但可以通过移门与楼上卧室相连。在卧室里可以经由厨房窗户看到室外。

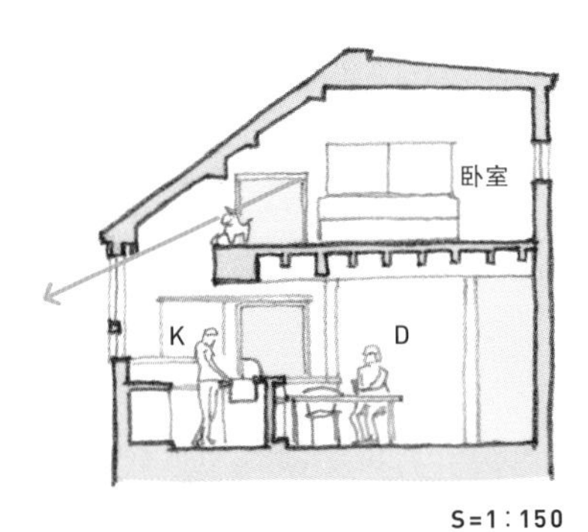

被墙壁围绕的露台

同样面积不大的房间与露台，串连在一起居然能使空间变大。再加上被墙壁围绕，更有视觉扩大化的效果。

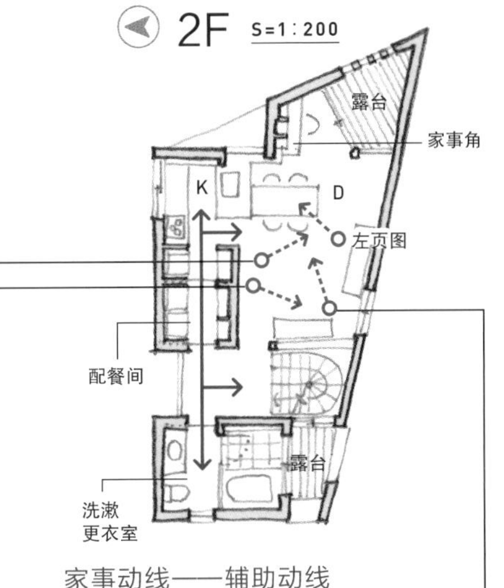

家事动线——辅助动线

从洗漱更衣室到厨房，又是一条辅助性家事动线。有了它，生活更加便捷。

不封顶隔断矮墙

用不封顶的隔断墙把起居室和楼梯室一划为二。同时，通过楼梯上方的天窗引入自然光线，增加室内光亮度。

相邻小空间

餐厅深处有一个小小的家事角，紧挨着同样面积不大的露台，合力发挥出小空间的大效果。

019

起居室与餐厅的错位分布

纵横拉伸

起居室位于挑高空间内，与屋顶阁楼相连。在纵向拉伸空间的同时，又构成一条通往餐厅的视线轴。

通常，大家都会觉得把起居室与餐厅安排在同一空间比较适于生活。于是在设计格局时，即便连接形式不同，也总想办法把它们连在一起。其中，起居室与餐厅共处长方形空间的格局最为常见，因为无论哪个部分多占或少占些面积都不会影响大局，通融性决定便利程度。然而，一体两面，通融性同样会削弱彼此的独立性。

如果要让各领域都保有独立性，共处形态就变得尤为重要了。其中，将起居室与餐厅错位安放就是一个解决办法。既分清了各自领域，又能延伸空间。一说到延伸空间，原因很简单，因为错位就会形成对角线，而对角线的距离最大，所以就起到延长视线轴的效果。因此，我们就尽量把起居室与餐厅错开吧。

双重感受

起居室的高层高与餐厅的低层高，形成鲜明对比，这一反差制造出居室内开阔与沉稳的双重感受。

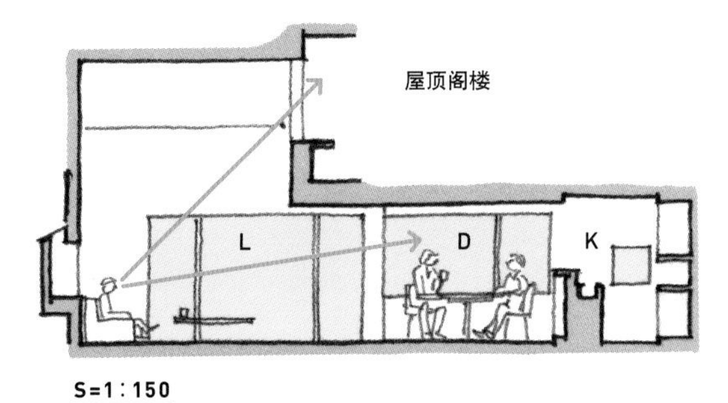

看不见的宽敞

站在厨房位置面对餐厅与起居室，看不到起居室全貌，反而制造出宽敞的假想效果。

家事动线——辅助动线

这是另一条从走廊路经配餐间，进入厨房的家事动线，途中设有一处家事角。

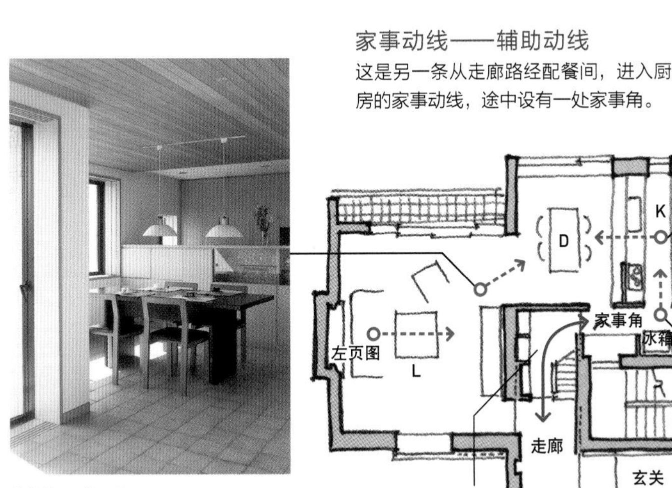

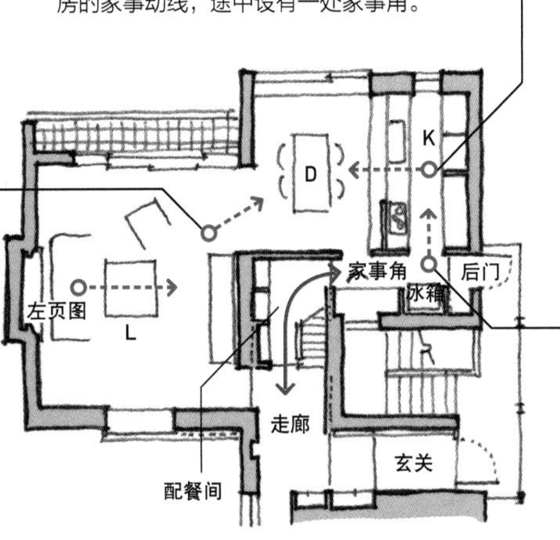

制造围绕感

因为餐厅与起居室的错位分布，形成半包围格局，再加上与厨房的低矮隔断墙，为餐厅营造出独立、安心的气氛。

料理区域的考量

尽管是开放式厨房，却特意在料理台前筑起隔断壁，自然形成厨房区域。相对餐厅而言，厨房既是开放式的，同时又保留了做料理时需要的独立空间。

020

卧室直达卫浴

三合一卫浴

浴室区（浴缸、淋浴）与洗漱区（洗漱台、厕所）用透明玻璃隔开，视觉上形成三合一开放式卫浴的格局。

考虑格局最重要的一点就是卫浴的位置。入浴与洗漱都是较为私密的个人行为，因此大部分住户都比较偏向于将卫浴配置在卧室附近。可是，偏重家事的考量就会把洗衣机放在洗漱更衣室，而若从家事动线出发，也可以将卫浴安排在厨房附近。所以卫浴到底放在哪里，要看各家所需。这户人家优先考虑的是与卧室的距离。

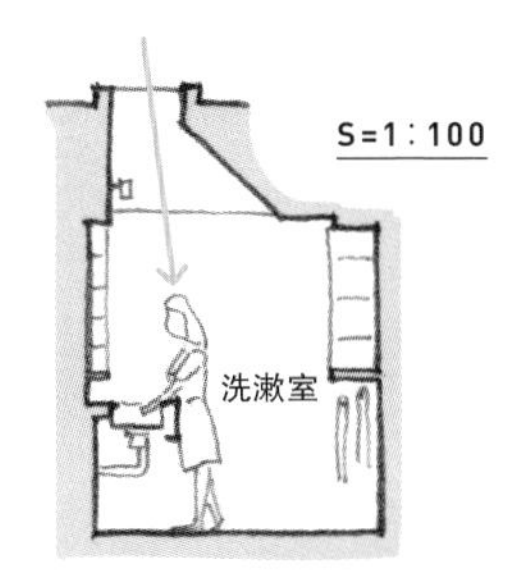

洗漱台上方的天窗

洗漱台上方有天窗，可以直接纳入自然光，让室内保持明亮。

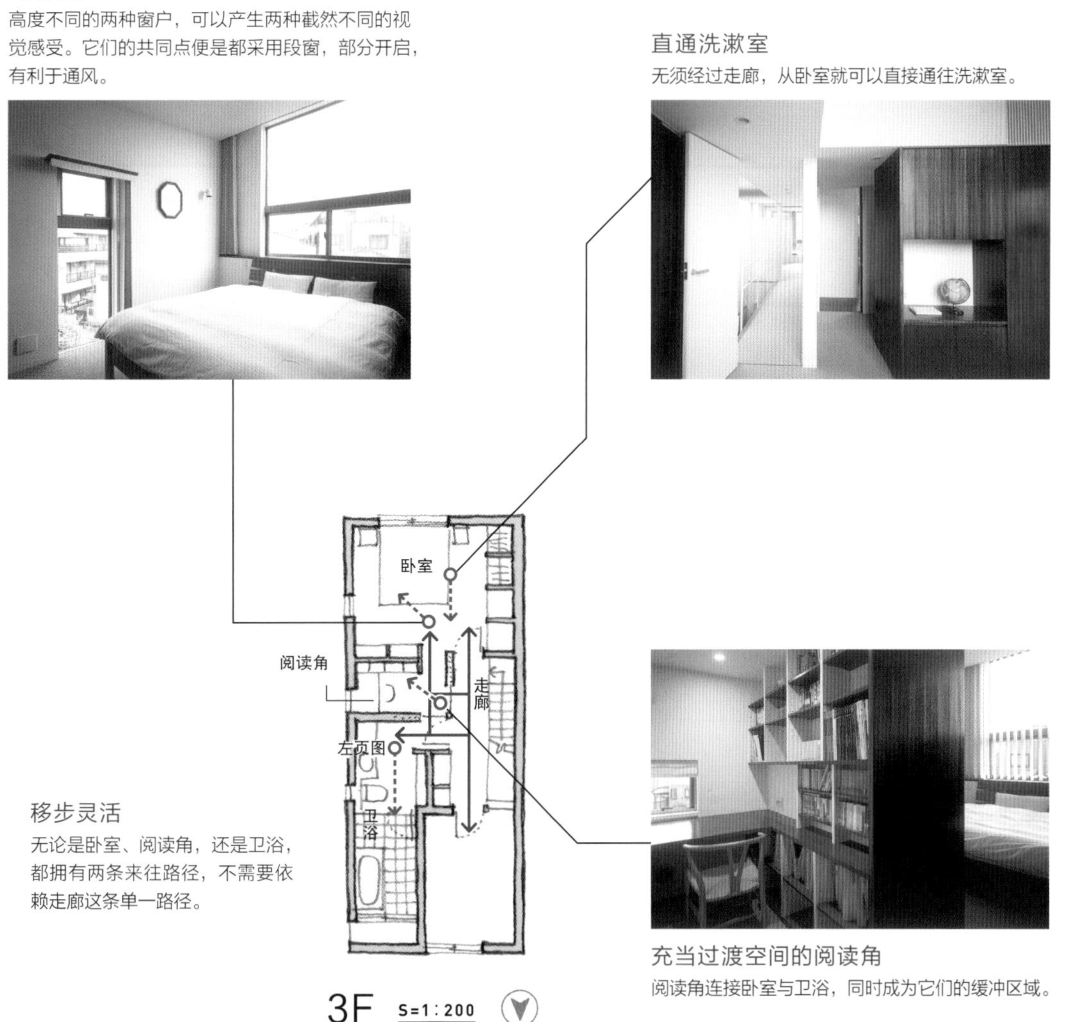

两种窗户

高度不同的两种窗户，可以产生两种截然不同的视觉感受。它们的共同点便是都采用段窗，部分开启，有利于通风。

直通洗漱室

无须经过走廊，从卧室就可以直接通往洗漱室。

移步灵活

无论是卧室、阅读角，还是卫浴，都拥有两条来往路径，不需要依赖走廊这条单一路径。

充当过渡空间的阅读角

阅读角连接卧室与卫浴，同时成为它们的缓冲区域。

021

带宽廊檐的和室

反射光满屋

光线或是透过格子移门，或是通过天花板反射，经由隔窗上部来到室内，柔和的光束充满了整间和室。

传统和室借由宽廊檐与外部连接，产生独特趣味性。据说，除此之外，它的存在也是为了减少日晒雨淋对榻榻米造成的损害。

而现代家庭，防雨防晒已不再是问题，因此宽廊檐也渐渐丧失了存在的必要。即便如此，我们还是可以借用它的介入与格子门的隔断，将强烈的日照光变得柔和，营造宁谧的室内空间。

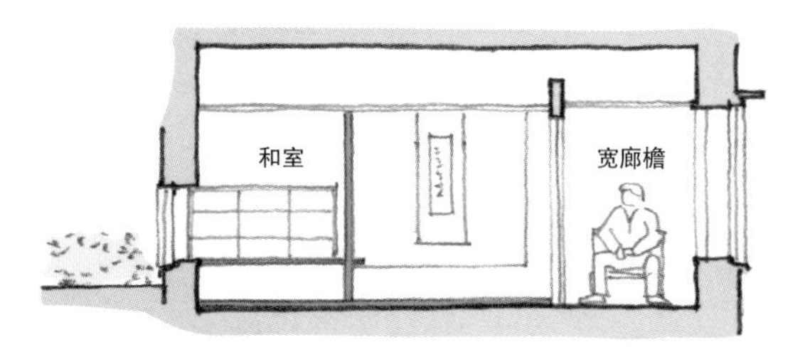

S=1：100

宽敞的床间 ①

尽管进深只有0.6m，但是兼顾了壁龛柱功能的靠窗装饰架，无形中加大了床间的视觉效果。

不露声色的佛龛位

佛龛设定在宽廊檐的一处角落，它甚至还可以隐藏在隔扇后。

2F S=1：200

床间
左页图
宽廊檐
和室

与外界保持适当距离

和室内有两处对外开口部。一处通过宽廊檐与外界相连，另一处则通过绿色植被与邻家保持恰到好处的距离。

与天花板的连接

即便拉上格子门，和室与宽廊檐也是一体的，原因就是隔窗上段并未封顶，而是借由天花板串连在一起。

① 编注：床间一般设在和室，床台形似置物台，可放摆设，上方可挂字画卷轴，一般身份尊贵的人才能坐在床间前面。

022

封闭式厨房的便利性

使用方便的封闭式厨房

I型厨房与吧台式收纳柜连着家事角。吧台式收纳柜与餐厅之间隔着一堵墙。

最近的住宅，对厨房的设计要求越来越高，最多的选择就是采用直接面对起居室与餐厅的开放式厨房。可是，这样的厨房并非完美无缺，若能从每个家庭的实际需要出发，有时候封闭式厨房可能更方便实用。比如这户人家就采用了这一方案，不仅如此，他们还把家事角也安置在厨房。为了方便上菜，甚至设计了配餐窗口。

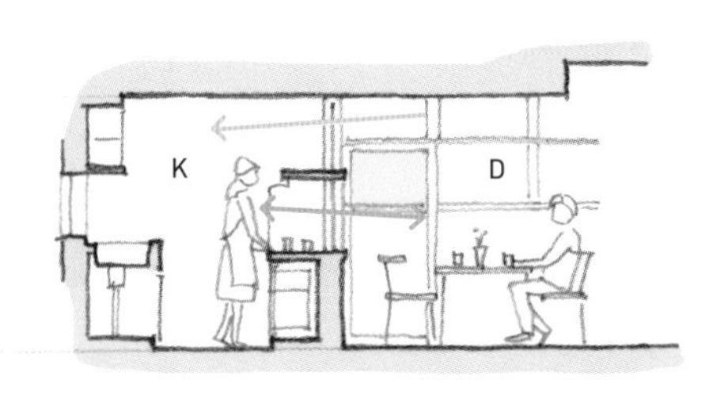

多功能设计

厨房与餐厅的隔断墙身兼数职，既可以收纳餐具器皿，还开有传菜用的配餐窗口。

收纳力超群的家事角

书桌上方是书架和开门式收纳柜。

方便的配餐窗口

餐椅后方的墙壁凿有窗口，是厨房到餐厅传送料理的捷径。平时，可以关闭乳白色玻璃窗。此外，上方选用了透明玻璃，视觉上串连了空间。

与用水区域的连接

厨房直达洗漱室，甚至更往里的浴室。

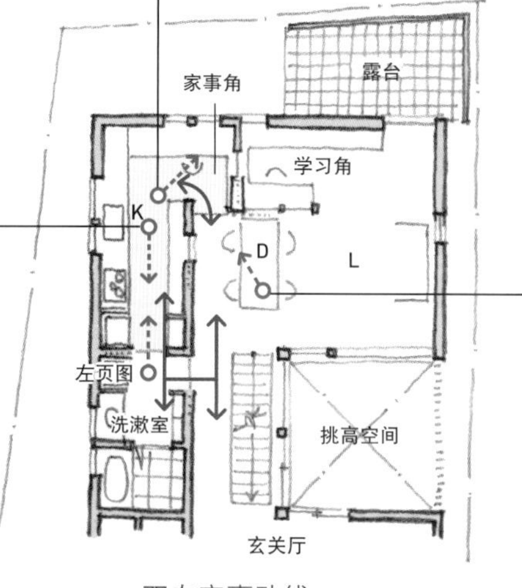

双向家事动线

从餐厅和洗漱室都可以到往厨房，刻意设计成这样的双向家事动线。

023 生活气息浓郁的阅读角

阳光满溢

二楼的阅读角同样兼顾了楼梯室的功能，阳光通过上方天窗直入室内。

使用面积若是宽裕，完全可以设计得很漂亮。但若不能从实际需求出发，也是中看不中用。

这户人家的每位家庭成员都爱看书，所以才设计出这样一个阅读角，不仅与各自房间相连，还与楼梯室处于同一空间，成为日常生活中往来必经的过渡区域。

阅读角

S=1：150

纵横相连

处于挑高空间的楼梯室处在住宅的中心位置，以各种形式与每个房间相连接。

利用光感效应拉近距离

一楼看到的楼梯室。从二楼天窗进入的自然光线，视觉上缩短了与二楼的距离。

楼梯室兼阅读角

从二楼书房看到的楼梯室。二楼所有房间都通过阅读角与一楼产生关联。

拉近与其他房间的距离

一上楼就是凹型儿童房，但只要打开两处转角移门，也能借由楼梯室拉近与一楼LD的距离。

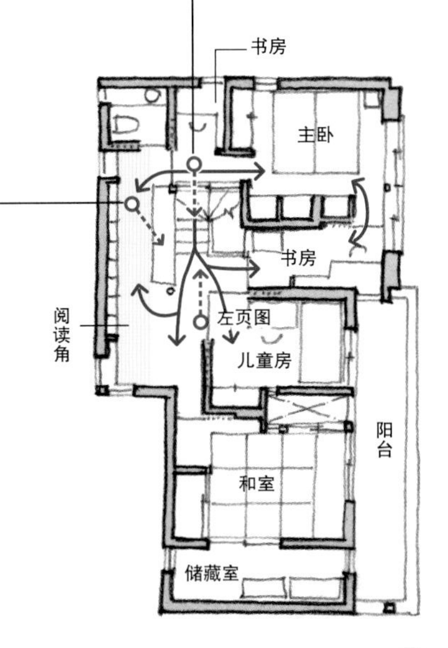

2F S=1：200

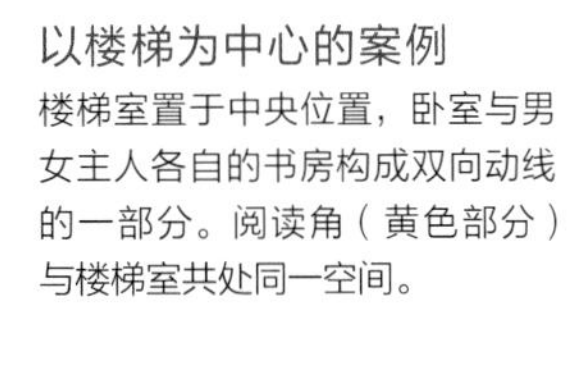

以楼梯为中心的案例

楼梯室置于中央位置，卧室与男女主人各自的书房构成双向动线的一部分。阅读角（黄色部分）与楼梯室共处同一空间。

024 小而俱全的LDK

聚光楼梯室

从餐厅看到的二楼楼梯口。光线通过朝南大窗经楼梯照向餐厅。

遇到LDK挤在面积不大的同一层，为了尽量为起居室与餐厅多争取些地方，就得想办法制造包括楼梯、厨房在内的全视角空间，这也是空间扩大化的方法之一。

与之相反，通过刻意隐藏部分空间给人以遐想，也是空间扩大化的手法。生活中自然会有不愿意曝露于外的私密部分，从实际需求出发，巧妙、柔和地划分区域，创造出一个合适的共享空间。

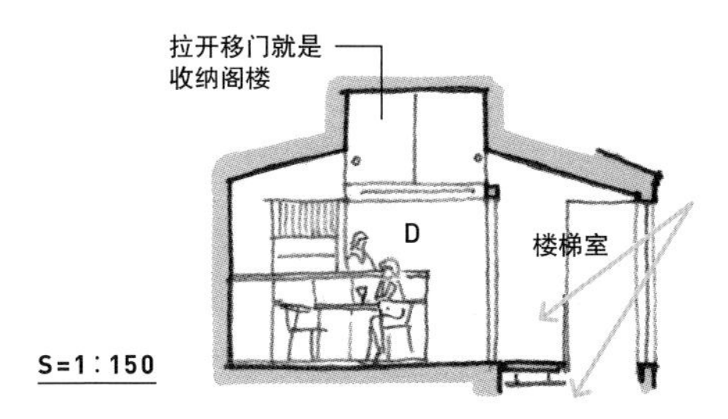

制造阁楼收纳空间

由于受到道路斜线的限制，建筑会出现屋顶倾斜的情况。我们可以利用这部分空间，设计出收纳物品的屋顶阁楼。

收纳柜隔断

餐桌一边的收纳柜自然地划分了餐厅与厨房，并且弱化了厨房的存在。为了使用方便，收纳柜面朝餐桌，分为上下两层，并采用了移门。

隐藏料理台

虽然说是开放式厨房，但水槽前的矮墙，以及灶台边的墙壁，让厨房周边变得相对隐秘。

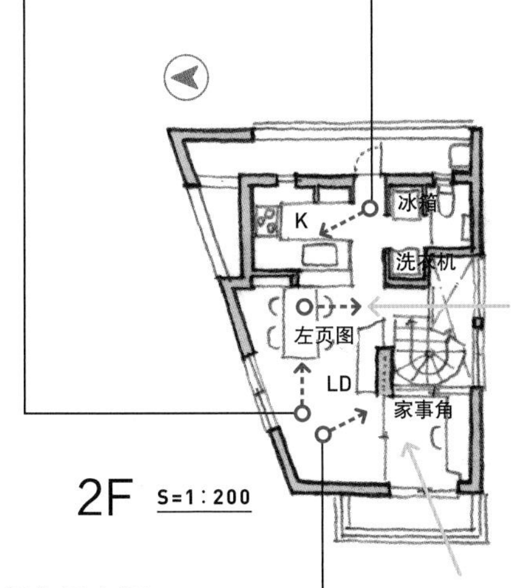

移门隔断空间

如图所示，只要拉开收纳柜上方的移门，家事角就能与楼梯室串连。另外，拉开藏在中央墙壁内的移门，家事角就变成了一个独立空间。

制造实用生活空间

即便LD的面积不大，照样可以制造出各种与日常生活息息相关的实用空间。此外，还将厕所安置在不起眼的位置。

025

空间扩大法

包覆制造安全感

窗户虽大，但为了不轻易被邻居看个彻底，特意在窗户底下竖起一道矮墙。这样一来，为用餐区制造出被包覆的效果，从而产生令人安心的感觉。

这户人家的起居室与餐厅被楼梯隔开，形成两个独立空间。光看平面图会觉得六人餐桌让餐厅显得拥挤。其实不然，因为隔壁的开放式厨房虽然竖起矮墙遮挡手边作业，但空间上依然相互串连。并且，餐厅上方的挑高空间又连接二楼儿童房，有纵向拉伸的效果。

只要满足餐厅的所有功能，面积太大也没有必要。相比而言，能与其他区域保持相连，倒更能让整个布局看起来圆满而丰富。

包覆且开阔

被矮墙包覆的餐厅。挑高空间连接楼上儿童房。

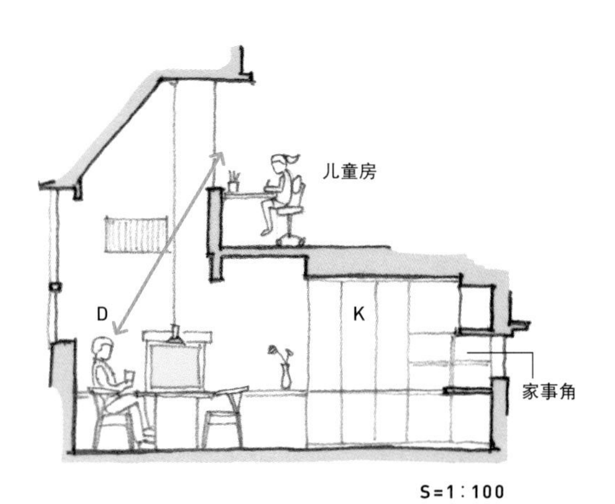

适合空间大小的餐桌

站在楼梯室往下看到的餐厅和厨房。实用的餐桌是配合餐厅大小特意订制的。

整体感与实用性

开放式厨房与餐厅同为一体。水槽前竖起的矮墙，也满足了做料理需要具备的条件。

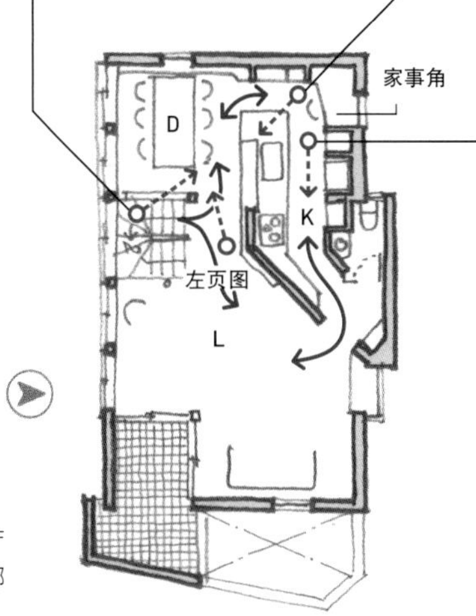

可选择的动线

楼梯将起居室与餐厅左右划分，无论走哪边，都可以到达厨房。

曲折动线

厨房是双向动线的一部分，虽然可以通往起居室，但视觉上并不是笔直路线。

2章

演出「动」感

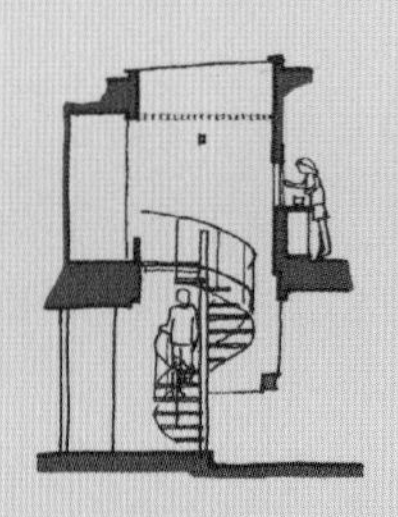

相

对于第一章的『静』，过渡空间便是『动』了。『动』的场所包括大门口、玄关、走廊和楼梯等等。

就像电影、电视剧中的连续镜头是连接每个场景、构成故事的要素一样，在住宅中，过渡空间以不同的形态连接不同空间。对于过渡空间，我们一般要求的只是它的一些固有功能，以及使用便利度，例如在玄关脱鞋，走楼梯上下楼等。其实不然，它们还是连接其他区域的关键所在。大门口的曲径通幽、玄关的幽深视效，行进间皆是风景。另外，楼梯制造出的通风效果以及光影的纵向变化也都是不可或缺的要素。变化多样的过渡空间，可以将日常生活装扮得更为丰富多彩。

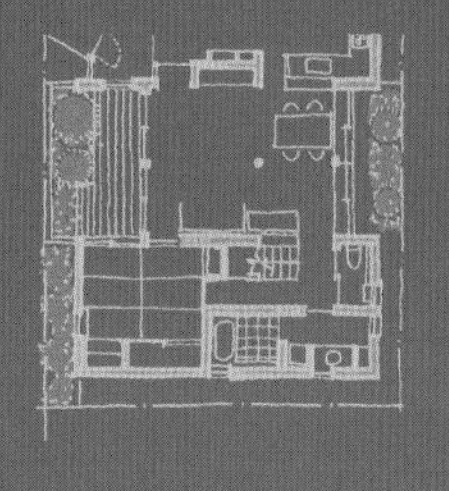

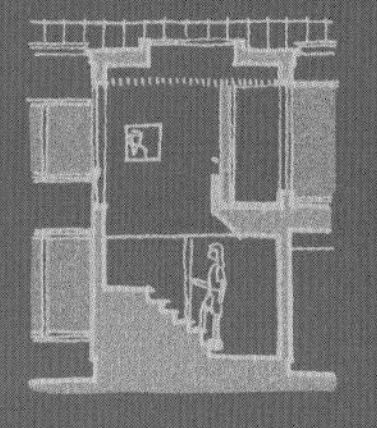

026

沿街的学问

标志树

大门口的标志树，站立于正门前，强调象征性。

建筑物与道路的位置关系，直接影响它给人留下的印象，甚至还关系到住户的生活方式。

这户人家的大门正对着道路，于是就在门口种上一棵标志性大树。另外，建筑物与道路间的小块空地，相对室内可看作坪庭①，于外，又有高墙隔断。

上方露台成为屋檐 S=1：150

大门口的门廊上方是一部分朝外伸出的露台，构成幽深空间。

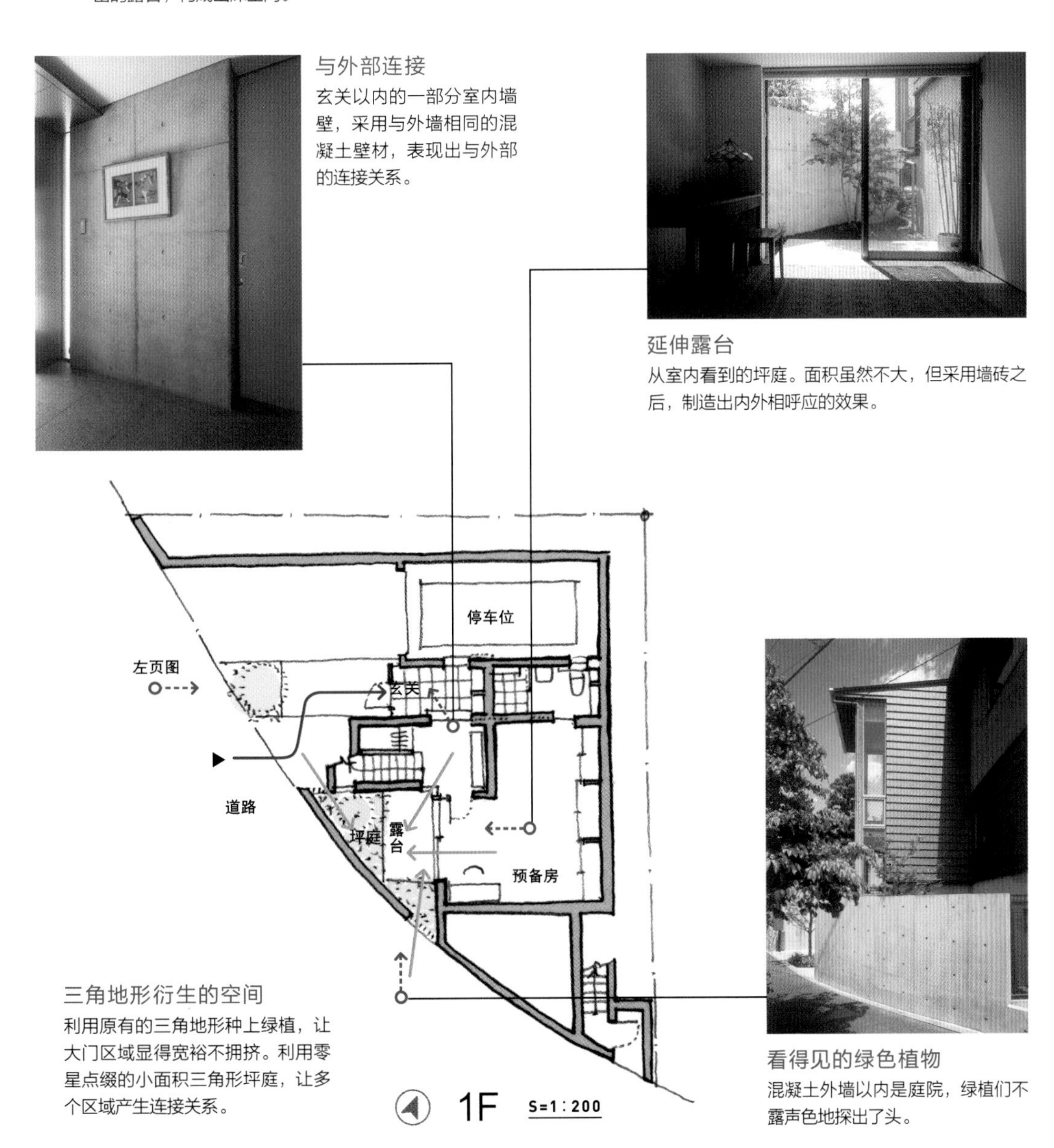

与外部连接

玄关以内的一部分室内墙壁，采用与外墙相同的混凝土壁材，表现出与外部的连接关系。

延伸露台

从室内看到的坪庭。面积虽然不大，但采用墙砖之后，制造出内外相呼应的效果。

三角地形衍生的空间

利用原有的三角地形种上绿植，让大门区域显得宽裕不拥挤。利用零星点缀的小面积三角形坪庭，让多个区域产生连接关系。

看得见的绿色植物

混凝土外墙以内是庭院，绿植们不露声色地探出了头。

① 编注：类似庭院，但面积比庭院小。

027 制造错层串连

巧妙接轨

走上半格楼梯往下看到的玄关。省去踢脚面让楼梯悬空，踏面则嵌入隔断墙内。空间一旦串连，就能制造出强烈的纵深感。

站在玄关，抬头便是宽敞的挑高空间，并与楼梯室相连。面对室外的纵长窗户，直接将自然光纳入，经由挑高空间散落到每一层楼。

如此这般纵向连接空间的手法，强调的是楼层间的关系。即便是微型住宅，也能利用进深的变化制造出视觉上的扩大效果。在这个家中，一楼每间房都比玄关高出半格楼梯的高度，从而形成视觉距离。

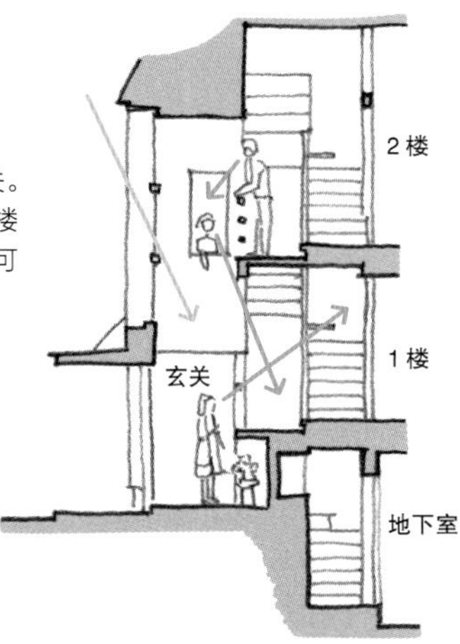

S=1：150

错落连接

各楼层都能借由挑高空间往下看到玄关。此外，因为地下室仅仅矮出玄关半格楼梯的高度，一定程度上减少了下楼时可能会有的闭塞感。

创造纵深感

一打开玄关门，目光就被高出半格楼梯的层面所吸引，从而感受到了纵深效果。

互补成效

光看平面图，肯定会认为玄关面积不大。可是，在与楼梯相互弥补之后，倒也能保证该有的生活空间。

暖心的外观

玄关之上的挑高空间完全向外界敞开，只要一打开室内照明，立刻呈现温馨景象。

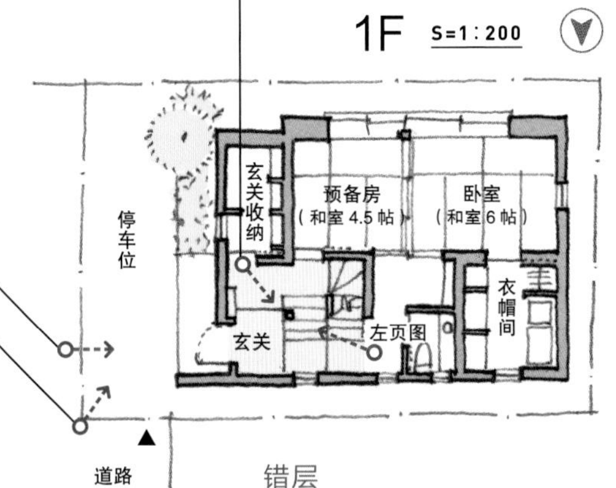

错层

除了玄关与收纳，其余的房间都高于玄关半格楼梯。并且，错层只发生在玄关附近，因而不会造成生活上的不方便。

028

纵深感制造安全距离

充足的日照光

尽管玄关位置偏里，但因为有一整面乳白色的巨型磨砂玻璃，将火辣的太阳光变得柔和，同时起到遮挡视线的作用。

这户人家的预备车位成了通往里面玄关的必经之路，悠长小径默默迎接着家人归来。

不仅如此，面朝道路那边，既没有围墙也没有大门，原因就是纵深效果制造出的安全距离。另一方面，因为视线无碍，开放式大门反而发挥出较强的防范作用。玄关门廊内侧的板门窗，通常是锁上的，只要一打开，便通往里面的庭院。

迎送露台

门廊上方有一个大面积的露台，连接二楼起居室。在露台可以俯视玄关通道，自然也就成了迎送场所。

光线路径

旋转楼梯连着玄关厅，自然光从二楼照入，经墙壁反射，洒入室内。

通常敞开使用

通常是一处宽敞的开放式玄关，只不过土间与玄关厅之间暗藏玄机，拉上两扇移门，便各自成为独立空间。

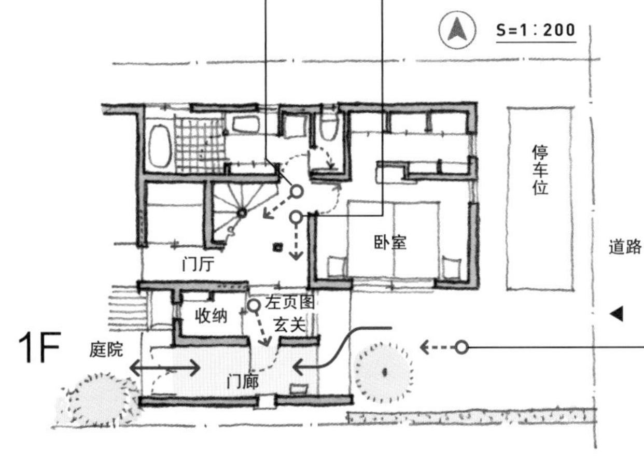

外围生活动线

玄关通道与庭院夹着门廊（黄色部分），此外，玄关旁还有一处面积较大的收纳空间，构成顺畅无阻的外围生活动线。

不露声色的障眼法

门廊前种有一株夏椿，无形之中遮挡了外来视线。

029 没有围墙的选择

曲径通幽

透过葱郁植物，门廊隐约可见。斜线小径制造纵深感。

道路与建筑物之间留有两个车位的距离，紧挨着的便是穿行于植物带的入口小径，通往玄关。

我们曾经为要不要在道路与停车位的交界处盖围墙有过分歧，原因是一旦盖出围墙及大门，领地划分的意图就会变得清晰。而另外一种选择就是像现在这样，用植被替代围墙，含蓄地分出地界，融入街景之后，还能拓宽视野。

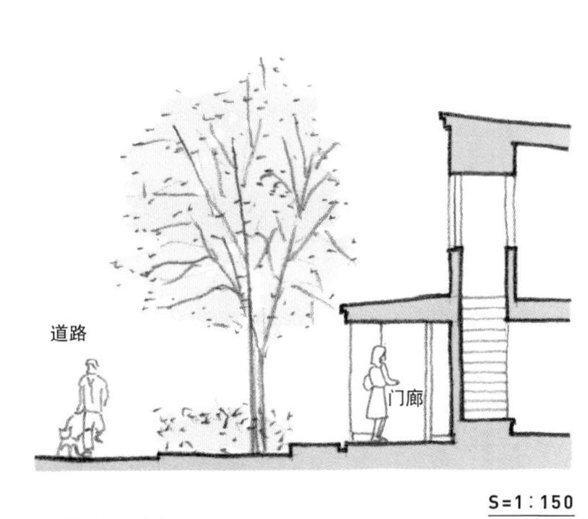

种植大树

大门前植棵大树，温柔地覆盖玄关周边。

反射获得间接光

从玄关看到的土间。来自玄关的自然光，经墙壁反射入室内，转化为间接光线。

低矮裹覆

有着大屋檐的门廊，由于刻意控制了天花板的高度，形成包覆，营造出浓郁的温馨感。

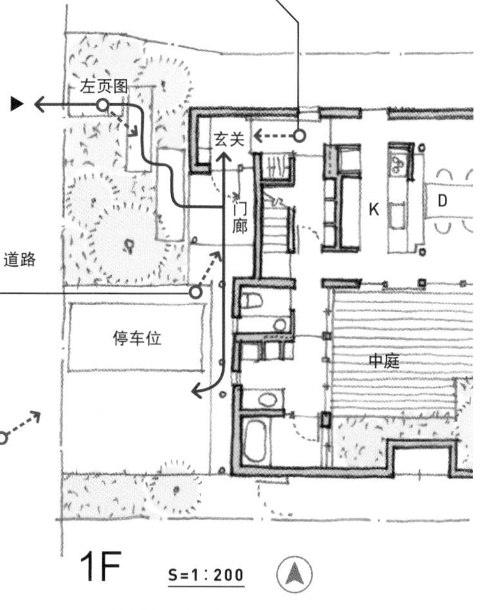

回廊效果

停车位往里是回廊，方便雨天通行，同时充当住宅与停车位之间的缓冲地带。

行进间的乐趣

刻意将道路至玄关的小径与停车位的距离拉开，制造行进皆趣味的效果。

030

相邻空间的对比

狭窄的尽头是……

一进入室内就会发现，玄关区域无论纵横都比较狭窄。可是，视线却能在楼梯室所在的挑高空间得到解放。

遇到楼层面积较小的情况，楼梯就要兼顾到走廊的功能，这样一来，与玄关就产生了邻接的关系。

这户人家中，在相邻接的玄关与楼梯的交界处设置了移门，所以微型住宅的玄关空间也未必会受到限制，只要拉开移门，迎面就是宽敞的挑高空间，立刻产生空间对比。此外，这道移门对防止冷空气入内、控制各楼层室温也有一定作用。

家事房
玄关
采光井
音乐房
S=1：200

以楼梯为中心

以处在挑高空间的楼梯为中心，分别与大小不同的几个空间相连。

一扇移门隔出两个世界

去往二楼途中往下看到的一楼玄关。楼梯所在的巨大挑高空间与狭小的玄关有着串连关系，但凭借一扇移门就能立刻隔断。

空气流通

楼梯室与隔壁的卧室。卧室里面与挑高空间相连，始终保持空气流通。

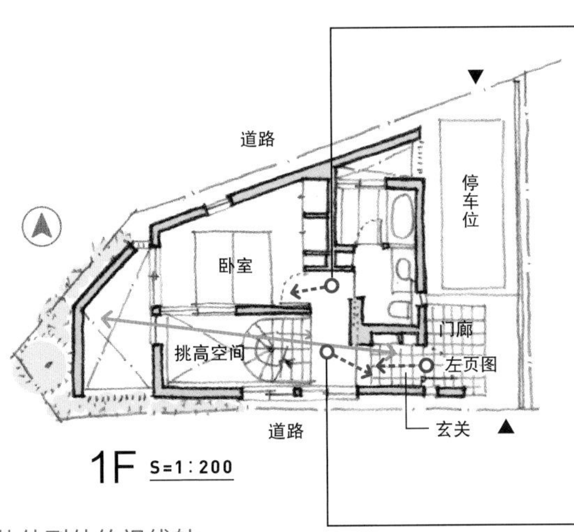

从外到外的视线轴

从大门口的门廊，到玄关，再到楼梯室，视线轴成一条直线排列。一入玄关，就能一眼看到视线轴的另一端。

竖长木条连接法

从楼梯室到玄关，再到门廊的一连串空间中，分界处房门或移门旁都加入竖长木条，即便关了门成为独立空间，至少纵方向依然相连。

031

大门即庭院

相同建材制造连接关系

玄关与门廊选用相同地砖，以达到空间连接的效果。建筑物与道路交界处采用小方眼屏障，柔和地划出地界。

都市中心寸土寸金，带庭院的住宅可不多见。于是，我们采取大门替代庭院的设计方案，积极制造室内外的连接关系。这才有了现在这个既宽敞又极具魅力的住宅空间。

此外，门廊上方的实木阳台，是二楼餐厅的延伸部分。尽管不具备避雨的功能，但对门廊成为一处独立『场景』功不可没。

制造与其他区域的连接

门廊与二楼阳台、多功能玄关都保持着空间上的连接。

阳台

玄关

和室

大门门廊

S=1：150

兼顾坪庭的作用

从浴室看过去，作为门廊一部分的绿色植被，还有景观坪庭的效果。

视线尽头的植被

门廊尽头种上一小块绿色植物，拉开木格门便是玄关区域。

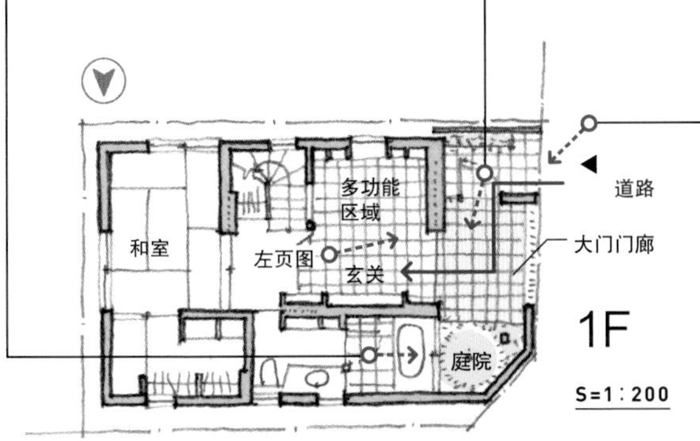

多功能玄关

这里不单单只是个玄关，还设计出一块多功能区域，并与门廊保有空间上的连接。

制造进门过渡区域

踏前一步，推开铁格门，便进入门廊。

032

营造家门口的走向

安定感与空间串连并存

尽管门廊与庭院中的铺木天井相连，但平日这里的铁格门是锁住的。长条固定矮凳的存在，为这里增添了一份安逸气息。

停车位在通往住宅大门的小径途中，再往里便是门廊。门廊高出路面几级台阶，之后便一路被天花板及护腰墙环绕，营造安定踏实的氛围。此外，庭院里的露台连接内外，让外部生活动线同样顺畅便利。

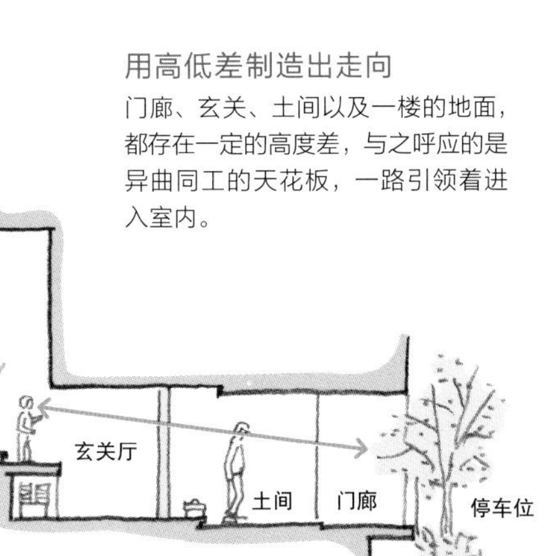

用高低差制造出走向

门廊、玄关、土间以及一楼的地面，都存在一定的高度差，与之呼应的是异曲同工的天花板，一路引领着进入室内。

用植栽划分

从玄关越过土间、门廊，可以看到前面的绿色植栽，并以此作为与停车位的分界。

引人入胜

一入玄关，眼前便是楼梯。从天窗洒落的阳光柔和、温暖，吸引人继续往里看个究竟。

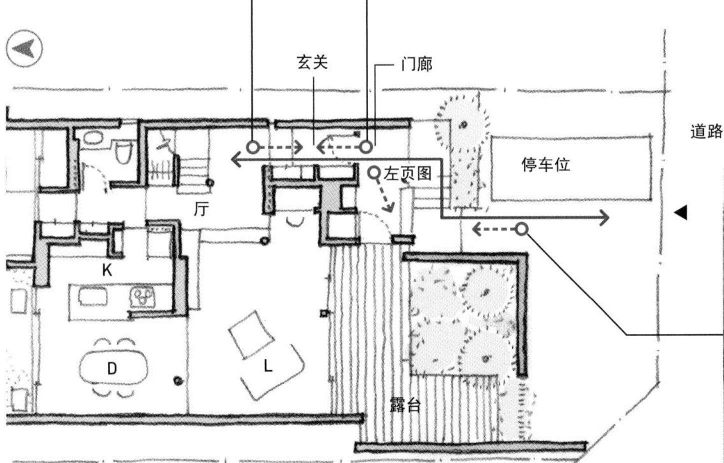

台阶、曲角、植栽

行经停车区域，走上台阶便来到门廊。这样一个曲角路径，一路有绿色植栽相随。通往住宅的途中移步换景，其乐无穷。

半室外空间

停车区域同时也是通往玄关的必经之路，从这里就可以看到门廊。我们刻意设计出这样一个半室外空间。

033

生活气息浓郁的住宅大门

兼顾生活需求

走上台阶，穿过大屋檐，便来到隐藏在里面的玄关。台阶左下方可以停放自行车，再往里是方便倒垃圾的后门。

整栋住宅比路面高出半级台阶。除了主玄关之外，还有工作用的客用玄关，以及快递、外送用的边门等多处连接室内外的出入口。为了方便进出各个场所，我们还对行进路线做了精密的规划，特别是从大门通往主玄关的这组动线，充分体现出纵向幽深的设计特点。

多重出入口

利用占地与道路的高低差，设计出多个出入口。

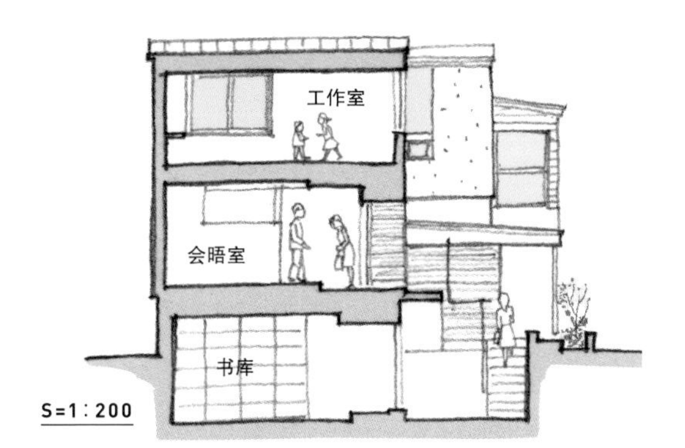

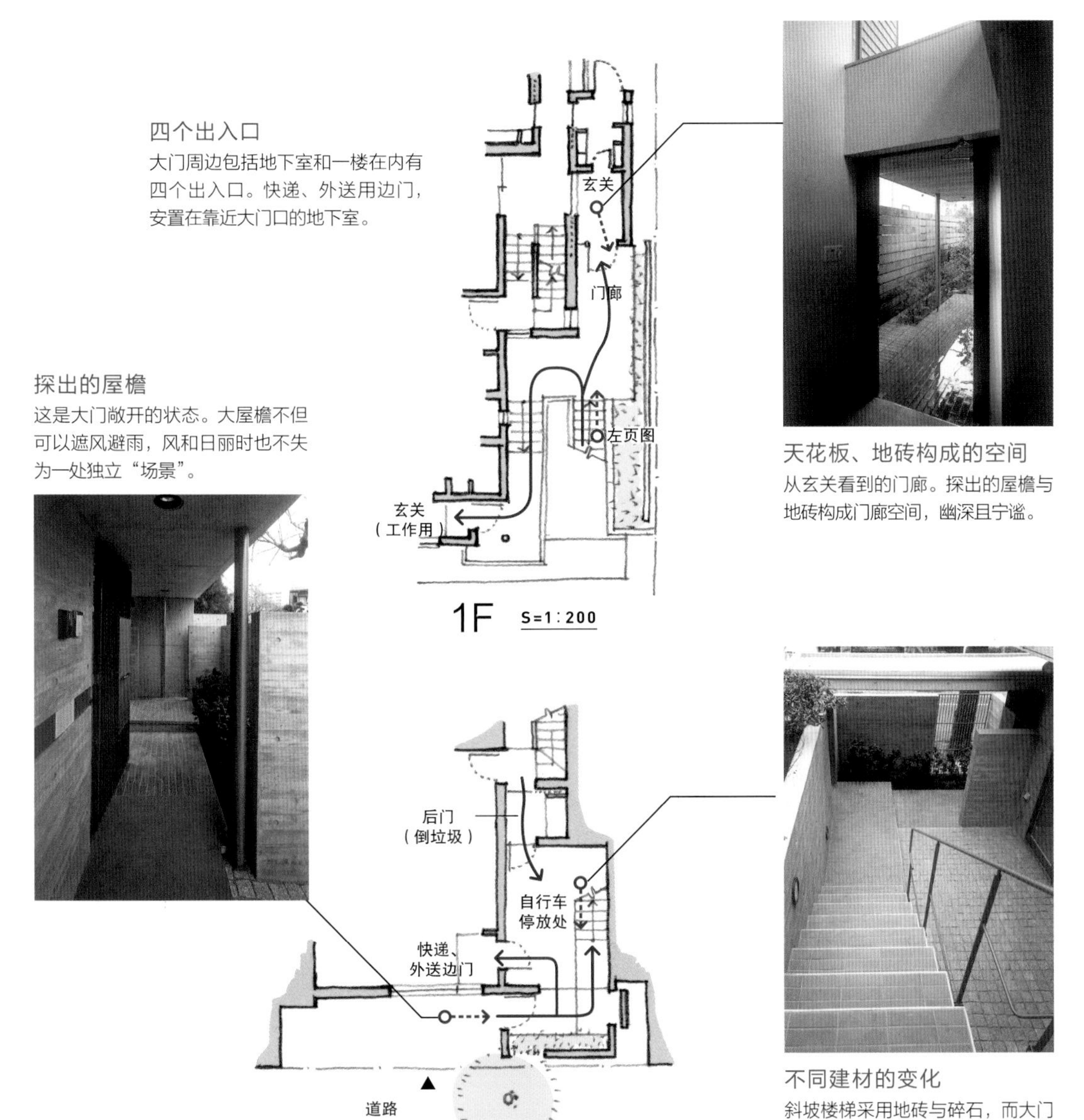

四个出入口

大门周边包括地下室和一楼在内有四个出入口。快递、外送用边门，安置在靠近大门口的地下室。

探出的屋檐

这是大门敞开的状态。大屋檐不但可以遮风避雨，风和日丽时也不失为一处独立“场景”。

天花板、地砖构成的空间

从玄关看到的门廊。探出的屋檐与地砖构成门廊空间，幽深且宁谧。

不同建材的变化

斜坡楼梯采用地砖与碎石，而大门至主玄关以及之后的连接部分，则选用其他建材，形成不同的视觉效果。

034

玄关的内外连接

若即若离

只要拉上移门，玄关便脱离土间。隔开后，土间变得清净不少，倒也增加了室内的宁谧气息。拉开移门，玄关与土间便缓缓相连。

说是玄关，其实是包括门廊、土间、玄关厅在内的多个区域。这样的连接方式，有利于生活起居，颇受好评。

首先是门廊，作为一个外部空间，必须具备遮风避雨的功能。之后，打开门进入室内，在土间脱鞋，在玄关厅换鞋。尽管土间和玄关厅共处同一空间，却可以通过开关移门来配合实际所需，这样的设计才比较人性化。而玄关厅是处于内外交界的过渡空间，这样的连接方式有利于缓缓进入相对稳定安逸的室内空间。

天花板高度的变化

这里是门廊、土间、玄关厅、走廊构成的一系列相连接的过渡空间。天花板高度的不断变化，吸引着人们进入更宽敞的室内空间。

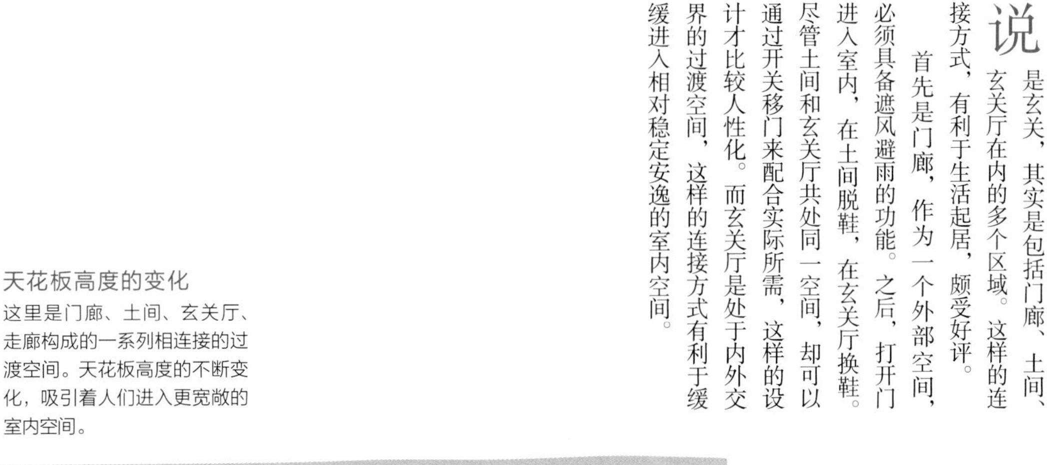

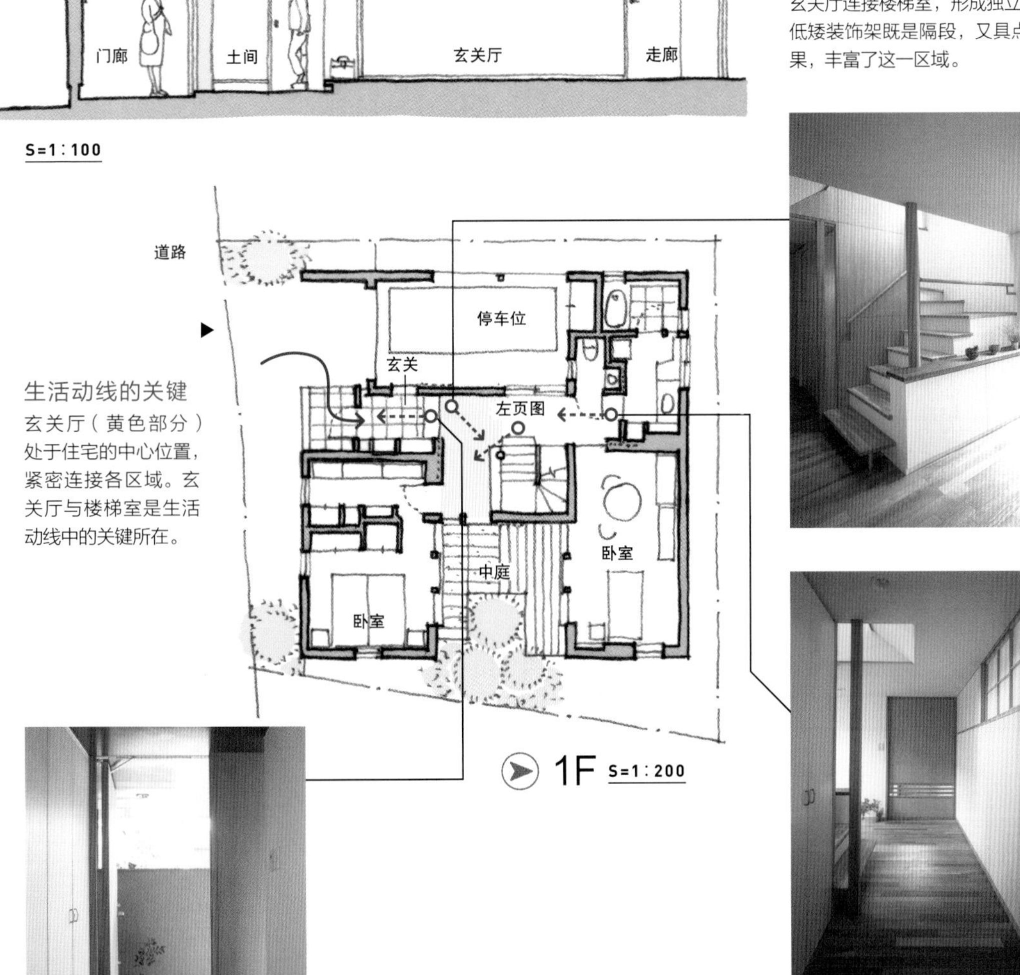

生活动线的关键

玄关厅（黄色部分）处于住宅的中心位置，紧密连接各区域。玄关厅与楼梯室是生活动线中的关键所在。

装饰架的小巧思

玄关厅连接楼梯室，形成独立空间。低矮装饰架既是隔段，又具点缀效果，丰富了这一区域。

该隐则隐

打开玄关门看到室外的样子。看或看不到，全因门廊矮墙的高度拿捏得当。

一扇移门的效果

从走廊往玄关方向看去。只要拉上移门，走廊、玄关厅这一动线空间就变得相对安静、独立。

035

玄关居中

玄关与庭院相连

玄关面朝中庭，并配置落地门窗，甚至还可以直接从土间到达庭院。

穿过大门口的门廊进入玄关，首先映入眼帘的是一大片庭院。玄关与庭院以这样一种方式串连，减少了进门后可能会有的狭窄感。

这户人家的玄关连着大面积中庭，若只有观赏的功能，太过可惜。把门廊到庭院作为一条动线来设计，可以丰富玄关的功能，为生活带来更多便利。

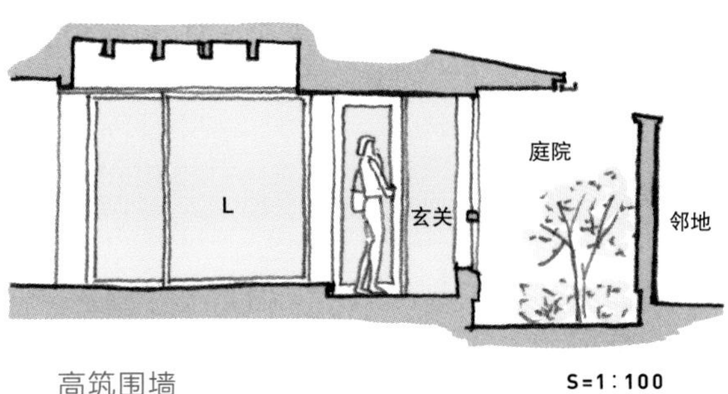

高筑围墙

在交界处筑高围墙。让玄关旁的庭院酝酿出小而精美的气氛。

移门隔断

起居室若想营造宁谧氛围，只要拉上隐藏在墙内的两扇移门，隔开玄关这部分即可。

小中见大的庭院

从庭院较窄处看到的玄关。大面积窗户可以弥补室外空间狭小的不足。

低矮窗坎墙制造安定感

通常情况下，起居室与玄关共处同一空间。因为玄关位于南侧，清一色选用大面积落地窗太无悬念，于是在面朝起居室的方向加入低矮窗坎墙，增添安定感。

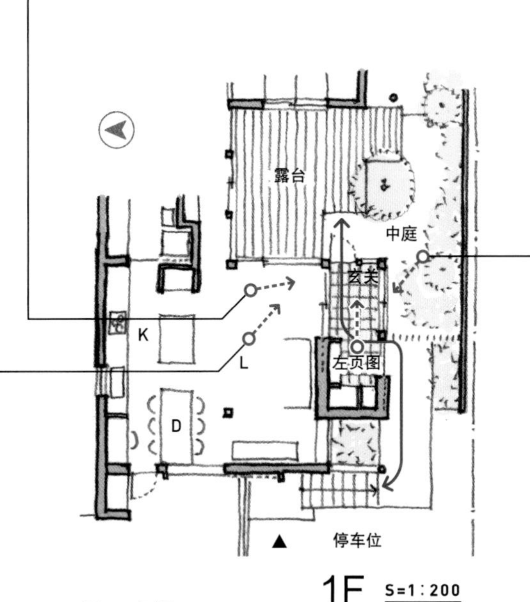

同一空间

尽管玄关、起居室以及中庭相对独立，但在视觉上仍属于相连的同一空间。

036 两代共居的进门设计

并不窄小的玄关厅

通过位于共用玄关厅的楼梯，可以到达二楼的专用玄关。倘若不想让玄关厅看起来狭窄，可以通过加强楼梯通透感的方法进行弥补。

两代共居的住宅的进门设计大致分为两大类：一是两代人各有各的玄关，二是玄关共用的模式。第二种模式可以共享玄关厅和土间，然后分别进入各自的居住空间。

两种模式各有特点，适用于各自家庭的实际需求。这户人家选择的是一个较为折中的方案，共用玄关替代大门，进入之后可以分别通往各自专用的玄关。两代人分别居住在两个楼层，每个楼层也都设有各自专用的玄关。

空间扩大化

这里的门廊带有屋檐，天花板高度较低，进入共用玄关后，天花板高度逐渐变高，再加上楼梯连接纵向空间，视觉上产生豁然开朗的效果。

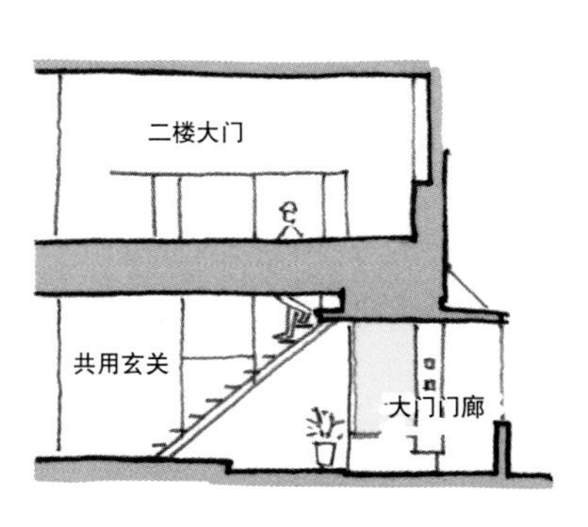

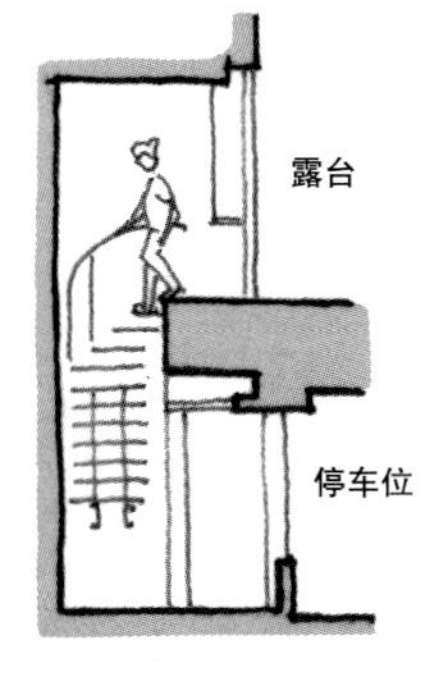

S=1∶150

越往里越明亮

从共用玄关进入通往一楼的专用玄关。虽然位置比较靠里，但借由楼梯室一样可以纳入自然光线。

纵深感十足的进门设计

两代人共用的玄关，通过楼梯室到达二楼专用玄关，因此直接到达一楼专用玄关的距离相对较远，形成纵深感。

内外连接

磨砂玻璃隔开停车位与门厅，而上半部分的透明玻璃，视觉上连接了内外。

两代共居同一屋檐下

这是大门正面。虽然分别居住了两代人两户人家，但外观上独门设计以及单独大屋檐给人留下只住了一户人家的强烈印象。

037

错位的双玄关

隔着植被带两两相望

盖在同一块占地上的两户人家。从 A 住户的玄关可以隔着植被带看到 B 住户的玄关外围。

一块占地盖建两栋住宅，共用大门连接各自玄关，玄关之间又保持着刚好能点头寒暄的距离。此外，去往自家门前，完全不用担心路经别家门前的尴尬。

其次，各自门廊都被各自屋檐及矮墙缓缓包覆，构成一处沉着笃定的安稳『场景』。

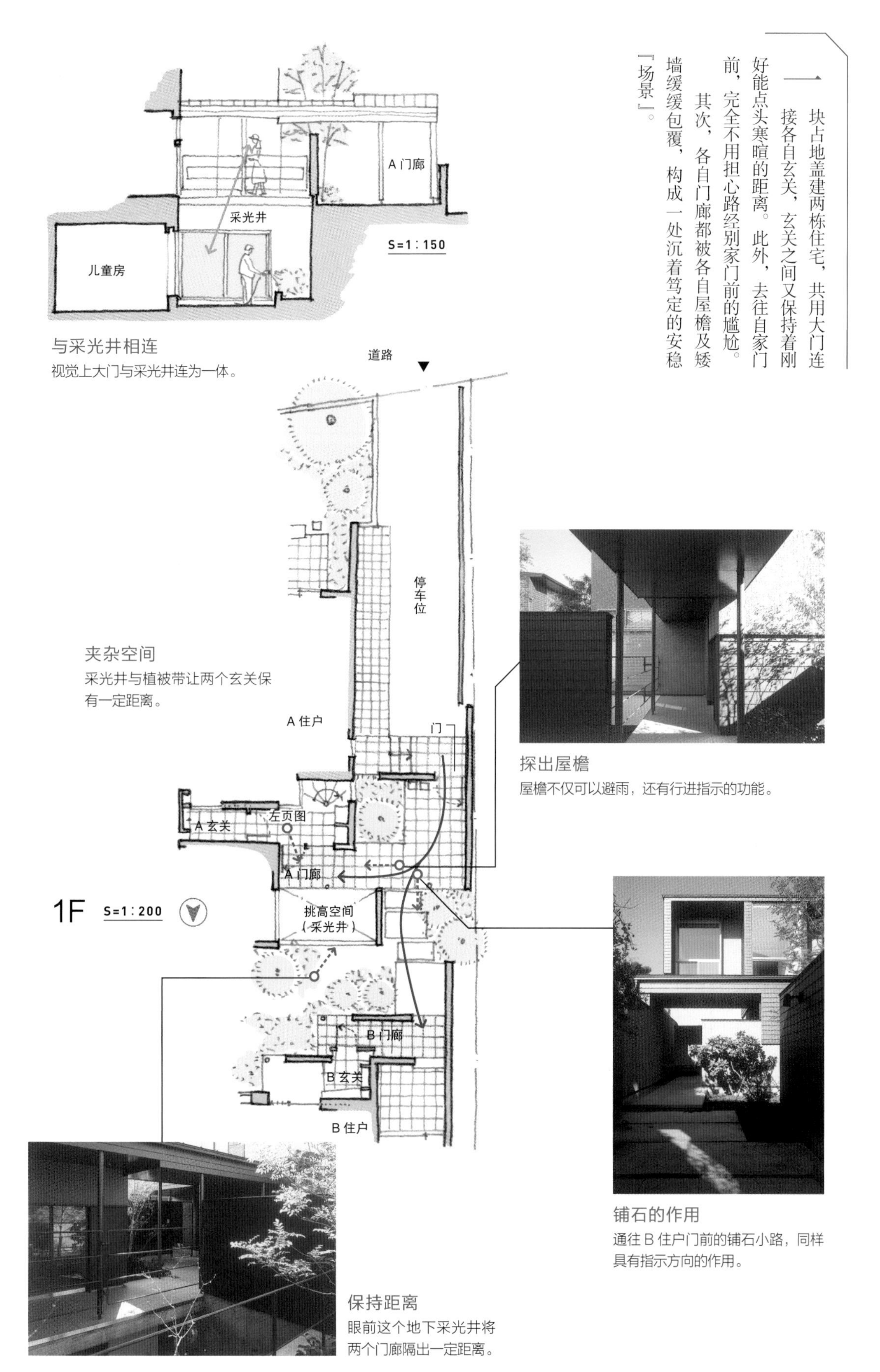

与采光井相连
视觉上大门与采光井连为一体。

夹杂空间
采光井与植被带让两个玄关保有一定距离。

探出屋檐
屋檐不仅可以避雨，还有行进指示的功能。

铺石的作用
通往 B 住户门前的铺石小路，同样具有指示方向的作用。

保持距离
眼前这个地下采光井将两个门廊隔出一定距离。

038

合理中显趣味

绿植制造“场景”

植被带是道路与门廊的分界线，被这样隔开后，门廊立刻变成一处独立“场景”。

如何从室外来到玄关，又如何经过玄关进入室内，每户住家各有各的实际需求。也正是这一系列安排构成了每栋住宅的独特性。

这户人家的大门直面道路，没有半点含蓄。只要一进入室内，便能直接经由玄关到达起居室，走廊都嫌多余。倘若确实需要这样的单刀直入，唯一值得注意的就是避免格局上的枯燥。在大门口种上绿色植物，或是在玄关厅就可以看到内外景观，需要适当为生活增添些情趣。

两处玻璃

玄关厅内装有两处固定玻璃。一处只可以看到腰部以下范围的庭院，另一处是一组组合玻璃，上方透明，下方不透，既有利于采光，又能阻挡外界视线。

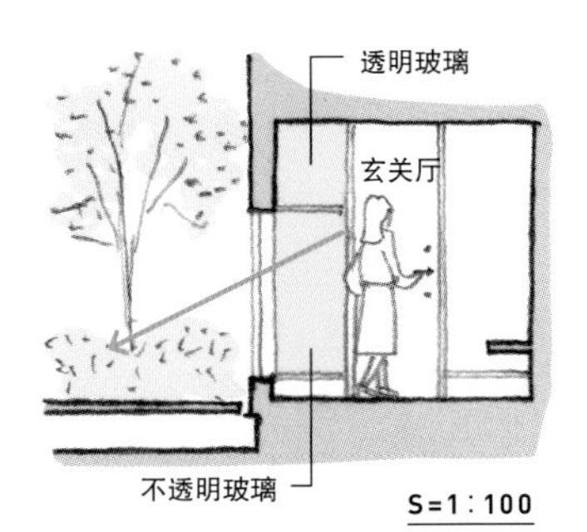

双重动线

这户人家主要有两条生活动线：一条从玄关厅直接进入起居室，另一条路经储藏室到达厨房。

无阻碍开口部

玄关处有多个向外的开口部。开口部的位置、大小不仅关系到自然光线的纳入，还关系到视野。

用挡板掩藏

从起居室看玄关厅。移门虽然有隔断的作用，但为了即便拉开移门也看不到玄关全貌，我们就设计了一处玻璃挡板。上半部透明，下半部不透。

视线畅通无阻

一直到起居室尽头的和室，视线轴一路过去都畅通无阻，制造出了空间的开阔感。

039

独立且串连

用间接光连接

从二楼楼梯往下看。柔和的间接光来自餐厅的挑高空间。

设计住宅时，并不只是根据楼梯室的位置进行格局分布，而是要改变空间本身，比如让楼梯室独立。设计能串连起居室、玄关以及其他房间的大面积挑高空间时，待到真正完工，可能会有完全不同的现场效果。这所住宅，楼梯室既相对独立，又部分与餐厅挑高空间相连，虽然在餐厅位置看不到楼梯，但楼梯却借由光线的帮助，间接与各空间产生联系。

别有趣味的直线楼梯

乍看是单调的直线楼梯，却因为与挑高空间相连而形成空间上的连续，闭塞感荡然无存。

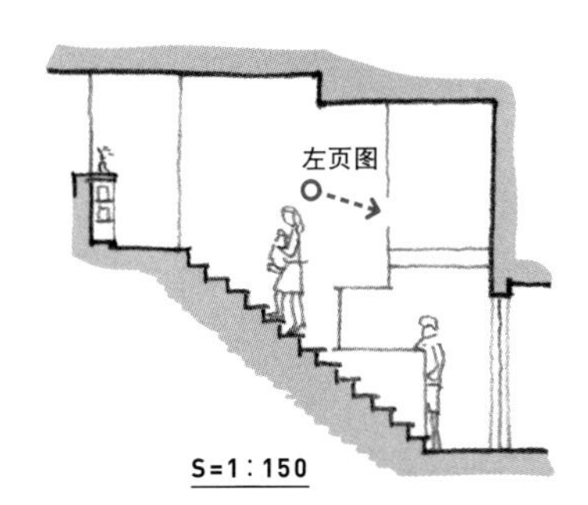

与其他房间相串连

餐厅上部的挑高空间与二楼卧室、儿童房相连。

卫浴动线不容忽视

要在楼梯周围设计出到达 LD、走廊，以及和室的一系列双向动线。而二楼卧室则可以直接通往卫浴，无须经由 LD。

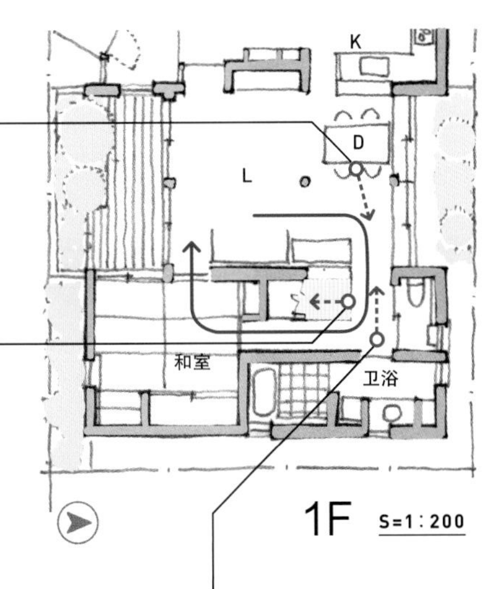

多重视角

立于楼梯前，无论眼前还是两侧，视线都一路畅通，空间感就此产生。

凹墙设计

在楼梯口看位于挑高空间的餐厅。楼梯这边的墙壁部分内凹，制造出空间感。

040

玻璃橱窗式楼梯室

制造纵深感

走上楼梯回头望去，视线一路到达起居室与露台。

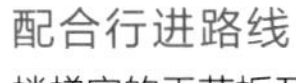

楼梯室与起居室或其他区域邻接时，若能让每个区域形成视觉上的共通，房间看起来会比实际大。只是，纵向连接楼层的楼梯，会形成空气对流，特别是使用冷暖气时更为明显，需要注意。

这户人家的LDK在二楼，楼梯室贯穿一楼甚至部分延伸到地下。于是，我们采用玻璃橱窗式的设计方法，将楼梯室环绕，视觉上与LD相连接。这样的设计也出于温热环境的考量。此外，楼梯室上方还开有天窗，阳光可以一路落至玄关。

配合行进路线

楼梯室的天花板开有一组细长形天窗，楼梯室变成了阳光房。

与楼梯室相连的场所

二楼LD与一楼玄关周边通过楼梯室产生视觉上的串连。特别是玄关的层高较高，让空间变得宽敞。

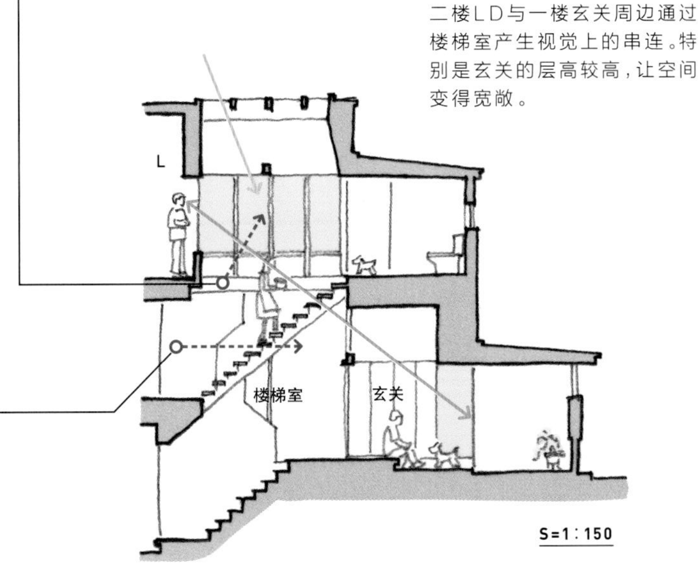

移门隔断

楼梯室可用移门隔开，通过楼梯可以看到底下的玄关，玄关同样可以用移门隔断。

两处移动空间的隔断

通过玻璃橱窗隔开走廊与楼梯，产生空间扩大的视觉感受。

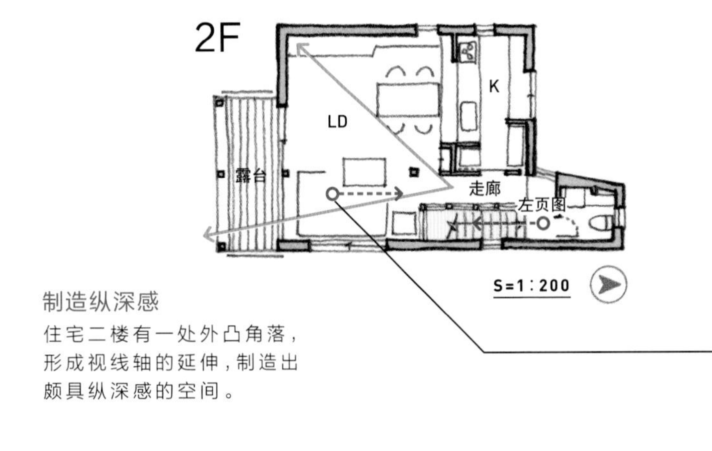

制造纵深感

住宅二楼有一处外凸角落，形成视线轴的延伸，制造出颇具纵深感的空间。

041

连接两代人的楼梯

光线的洒落

楼梯室处在挑高空间内，阳光从上部的开口洒落室内。

这里是一户建造在细长地形上的三层楼住宅，里面居住着两代人，共同分享三层楼的空间。孩子一家的生活重心在三楼的LDK，而父母则在二楼的DK。贯穿上下楼层的楼梯，经过父母居住区的餐厅，一直通向三楼露台，而孩子也同样可以从LD去到那里。这一段父母的专用楼梯，对拉近两代人的关系起着至关重要的作用。

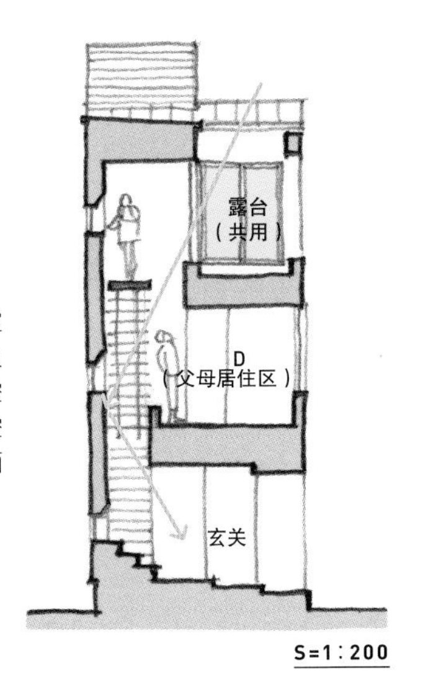

纵向连接

阳光从三楼露台进入室内，到达二楼餐厅以及一楼玄关。因为挑高空间被拉伸，使得二楼空间也随之增大，使用面积远大于占地面积。

消除违和感

因为楼梯与餐厅处于同一空间，从上方射入的光线完全融入室内，违和感全无。

隐性动线的功效

收纳（黄色部分）设计在二楼父母居住区的中央位置，于是这里形成一条隐性动线，更往里是厕所。

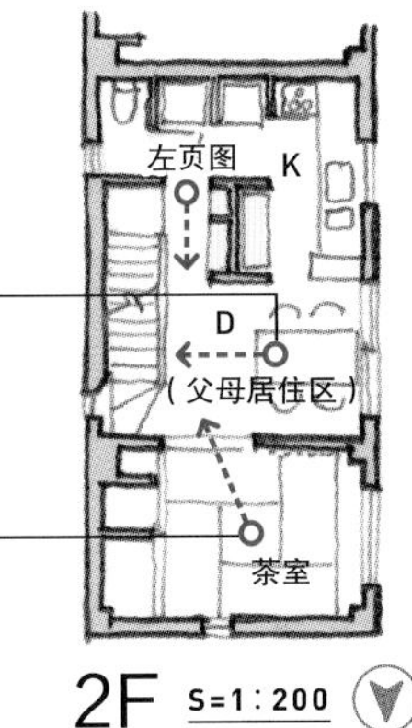

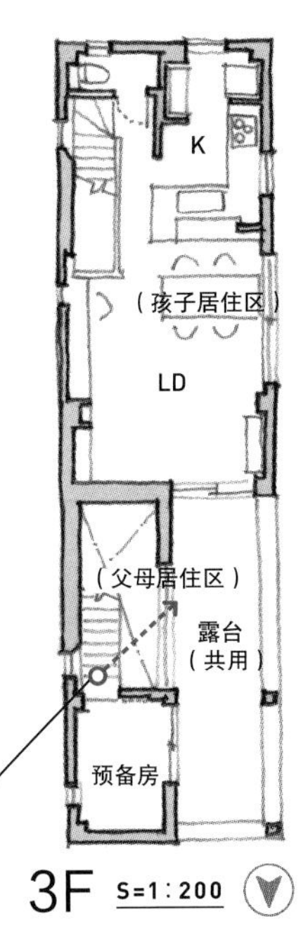

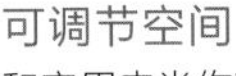

可调节空间

和室用来当作茶室，从这里看到的楼梯。如果想窝在茶室就拉上移门，而平时则敞开着。纵向连接楼梯室，可以使整个空间看起来比较大。

共享露台

从楼梯看外面的露台。前方看到的落地窗，是孩子进出露台的出入口。

042

连接走廊的双楼梯

两端明亮的走廊

从二楼走廊往下看到与起居室相连的楼梯。而走廊尽头还有另一处楼梯。

这户人家有两处楼梯。楼梯连着走廊，每个楼层都与走廊相连，从走廊可以去到每个房间甚至卫浴，是一组超级实用的生活动线。

两处楼梯中，其中的一处是位于起居室的旋转楼梯，这里还形成了一个小小的挑高空间。加上顶部的天窗，明亮的自然光线可以落入二楼的走廊周围。

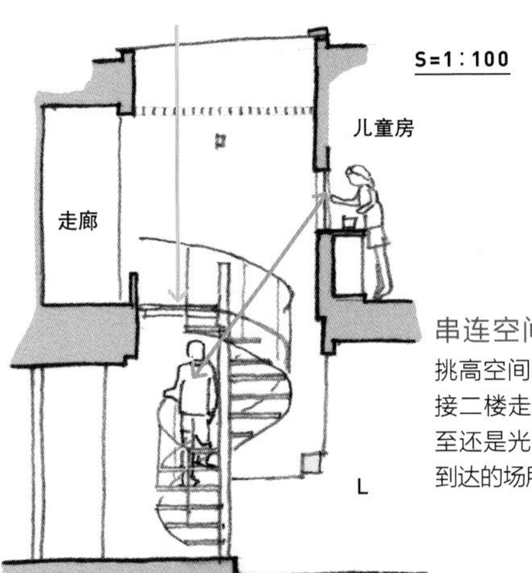

串连空间

挑高空间中的旋转楼梯连接二楼走廊与儿童房，甚至还是光线从天窗落入且到达的场所。

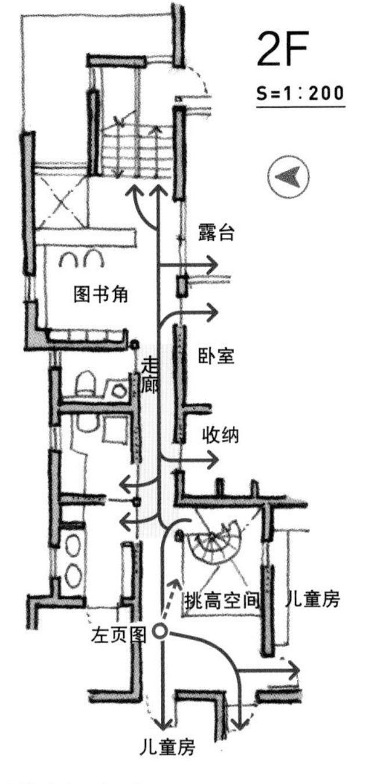

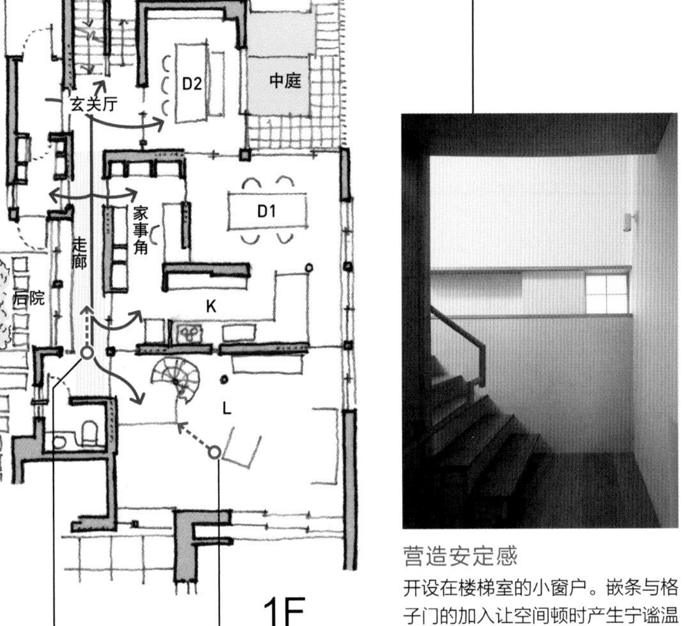

消除闭塞感

每一层楼都有一条细长走廊，走廊两端连着各个生活区域，视线畅通再加上光线充足，使得走廊完全没有闭塞感。

营造安定感

开设在楼梯室的小窗户。嵌条与格子门的加入让空间顿时产生宁谧温馨的安定感。

悠闲空间

一楼走廊。这里可以看到后院的窗户，整排实木跳窗营造出悠闲舒适的空间氛围。

视线畅通的重要性

从起居室看楼梯前的走廊。前方后院的绿色植物映入眼帘，形成恰到好处的视觉距离。

043

楼梯与挑高空间相得益彰

回到起居室

一上二楼就是起居室所在的挑高空间。穿越纵向窗户，视线落向室外景观。

如何摆放楼梯的位置？不同的家庭会有不同的考虑。不过，大多数住户会把楼梯安排在起居室的某个位置。虽然往来二楼必定要经过起居室，可是，只要走上楼梯，也就与一楼没了关系。

这户人家的挑高空间位于起居室，与楼梯遥相呼应。上到二楼还是看得见底下的起居室，会产生『要不要再下去呢？』的想法，这何尝不是一种乐趣。如此一来，上下楼层的关系就变得紧密了。

卧室
走廊
L
和室
S=1：150

用挑高空间连接

位于起居室的挑高空间，与二楼各个房间都自然相连。

走廊是连接各处的桥梁

二楼走廊连接楼梯室和起居室的挑高空间，阳光直接从顶上的天窗落到这里。

纵向空间的双向路线

在起居室抬头看到的挑高空间及二楼走廊，楼梯与一、二楼形成同一空间。

串连空间

一楼 LDK 与二楼走廊周边、楼梯以及挑高空间形成同一空间，并与二楼的房间（卧室、儿童房）相连。

挑高空间 × 低矮天花板

除了挑高空间，其他部分都被低矮天花板包覆，营造温馨氛围。

044 楼梯的意义

制造走向

这里是二楼的楼梯室。横向与纵向的窗户设计，制造出室内走向。

这栋四层楼住宅，每层楼的面积仅为8坪。相对于占地面积，楼梯所占比重就显得比较大了，使用频率也相对较高。既然如此，楼梯的存在会显得较为重要，更应当表现出它在住宅中的意义。

我们顺着贯穿四个楼层的楼梯，沿着纵横走向设置了若干窗口，在外观上形成了沿路的一道风景。

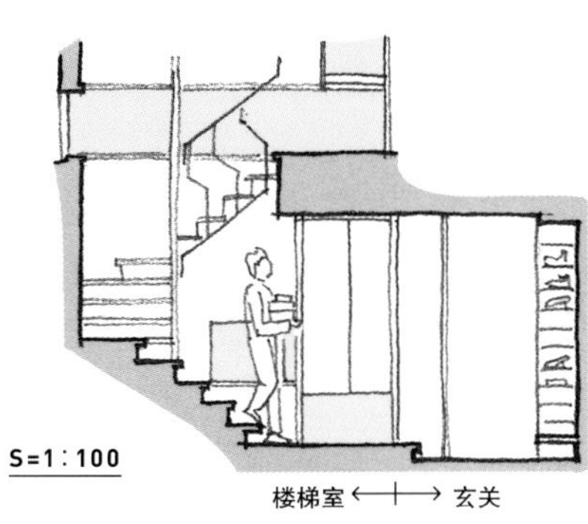

富有节奏感的窗口设计

虽然是玄关到楼梯的一小段空间，别具一格的窗口设计，瞬间消灭了闭塞感。

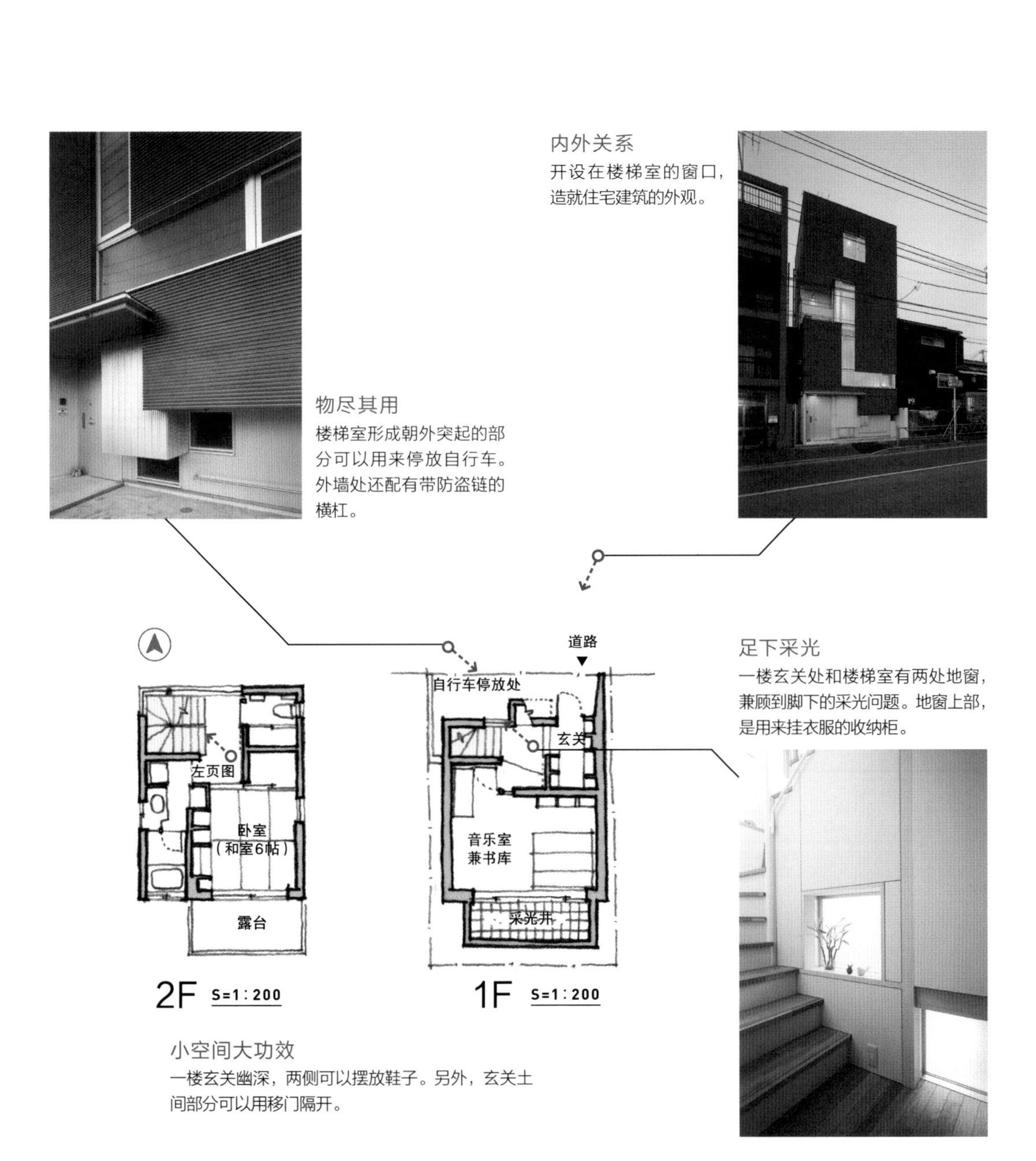

内外关系

开设在楼梯室的窗口，造就住宅建筑的外观。

物尽其用

楼梯室形成朝外突起的部分可以用来停放自行车。外墙处还配有带防盗链的横杠。

足下采光

一楼玄关处和楼梯室有两处地窗，兼顾到脚下的采光问题。地窗上部，是用来挂衣服的收纳柜。

小空间大功效

一楼玄关幽深，两侧可以摆放鞋子。另外，玄关土间部分可以用移门隔开。

045

动线空间的制造方法

天窗效应

这里是三楼的楼梯室。光线经由天窗照射到墙壁，反射入内，充分保证了这部分空间的日照。

楼梯与走廊作为过渡空间，肩负着连接房间与各区域的重任。更重要的是，把它们以何种形式、安排在什么位置，对日常生活会造成各不相同的影响。

比如这户人家，在楼下（二楼）LDK设计出一个开放式楼梯，拉近了与其他区域的距离。而楼上（三楼）的卫浴、卧室等区域私密性较强，所以把这部分的楼梯周边设计得较为独立。

玻璃
房间
玻璃
玄关
S=1∶100

制造连接

楼梯室尽管没有窗户，但光线可以从天窗进入并照亮室内。不仅如此，各楼层都通过长条落地玻璃与邻室产生关联。

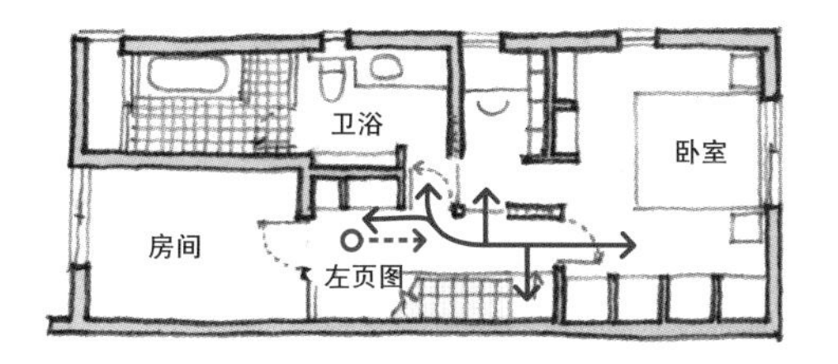

3F S=1∶200

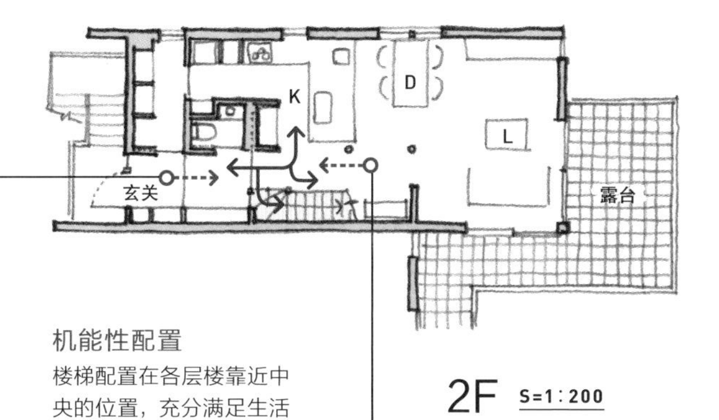

2F S=1∶200

关门依旧串连

打开玄关厅的门，便与LDK成为一体。即便关上门，也可以透过旁边的长条落地玻璃看到楼梯，间接与楼上产生关联。

机能性配置

楼梯配置在各层楼靠近中央的位置，充分满足生活动线的需求。

楼梯附近的小情趣

只要在楼梯下方安置一个带灯光的装饰架，就可以构成一处顺应四季变化的亮点，增添趣味性。此外，只要打开玄关尽头的门，就与柔和明亮的空间相串连。

046

过渡空间也需要舒适感

日照、通风两不误

楼梯室的纵长形窗户，从南面直接采光。窗户分为上下两部分，手接触得到的下半部分可以开关，有利于通风。

一说到舒适的家，话题就会集中在『重要的是窝在房间时要舒服』。日常生活中，确实是待在房间的时间最多，可是，过渡空间也不容忽视。可能的话，是不是有必要尽量将走廊、楼梯这些区域也相应营造出独立、舒适的氛围呢？其中，连接上下楼层的楼梯，若是一个阴郁空间，心理上很容易产生这部分区域的断片，破坏连接关系。走到哪里都能始终保持健康舒畅的心情，取决于整个住宅的舒适度。

安全的通风窗

我们在面对坪庭的楼梯室内，安装了大面积的段窗。下段为通风窗，为了防止滑落；上段则是固定的。

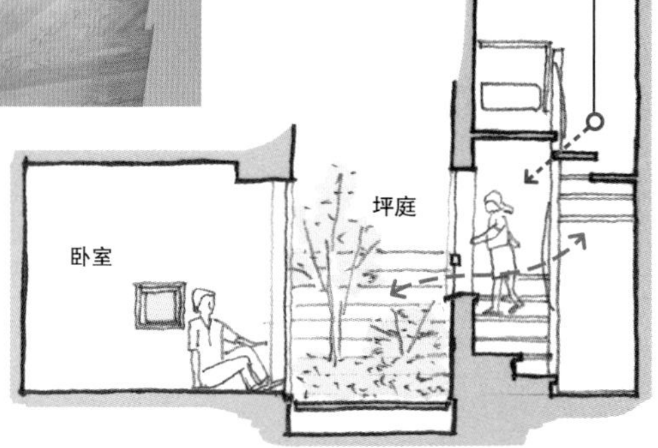

S=1：100

纵横无阻

楼梯室借由坪庭与卧室（和室）相连。纵向延伸的同时还兼顾到横向空间。

书房
露台
左页图
K
D
L

2F S=1：200

搬运冰箱的考量

LD与楼梯室可以通过玻璃移门隔开（实木及白漆门框）。只要拆除门具，类似冰箱这样的大家电也能轻松搬运入室。

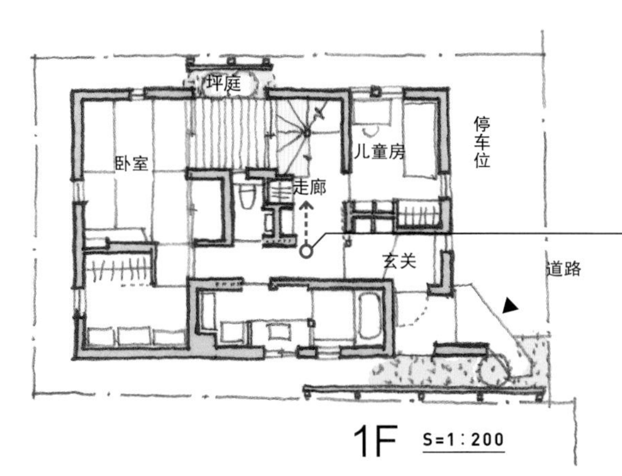

S=1：200

与室外连接的楼梯

在一楼设计出面对坪庭的大窗户，二楼也有面朝露台的纵长窗户。

旋转楼梯下方也有收纳

从一楼走廊看到的楼梯室。实木旋转楼梯底下可以用来收纳杂物。

047 各区域围绕楼梯

天窗纳入自然光

从天窗进入室内的光线，经由墙壁反射落入一楼。

这户人家的楼梯室是一个纵向串连各区域的过渡空间。因为开设了天窗，光线可以直接落至楼下。此外，楼梯不仅是一个上下行进的通道，更是联络家人感情、增进交流的场所。

这户人家是楼梯室居中的格局，通过这里传达光线，联络感情，并解决通风问题。起居室与餐厅隔着楼梯室形成若即若离的布局联系，保持了每个区域的独立个性。

同样连接玄关

各个区域可以通过楼梯与玄关产生关联，光线从天窗洒向每个角落。

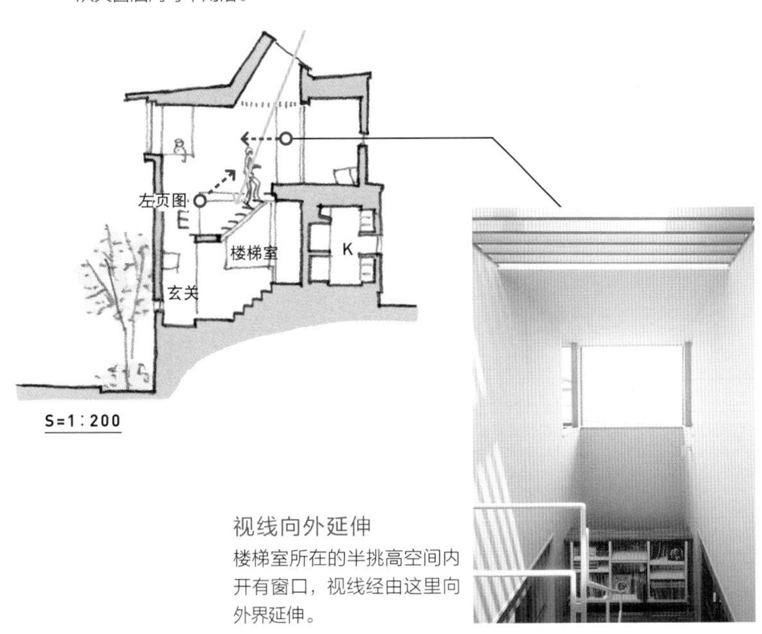

视线向外延伸

楼梯室所在的半挑高空间内开有窗口，视线经由这里向外界延伸。

含蓄串连

在保持独立的前提下，起居室与楼梯也建立着恰到好处的连接关系。右侧小窗口甚至还能窥探到玄关。

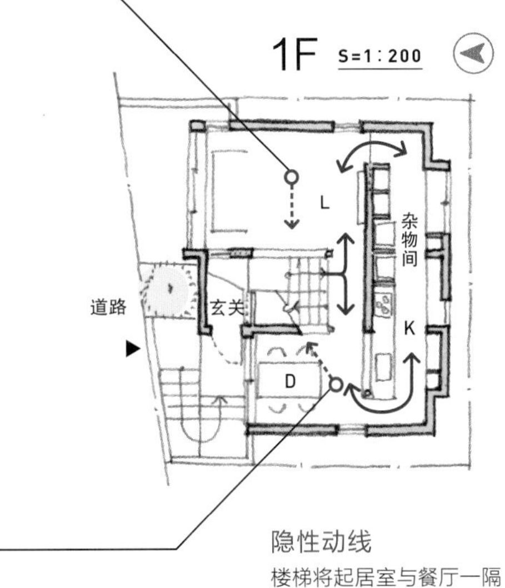

隐性动线

楼梯将起居室与餐厅一隔为二，而厨房与杂物间则构成另一条行进动线。

小而宽敞

尽管餐厅面积不大，但由于视线可以穿透到达另一端的楼梯室甚至起居室，原本安稳的紧凑空间，倒也不乏另一种开阔感。

048

楼梯室的通风、光影及情感维系

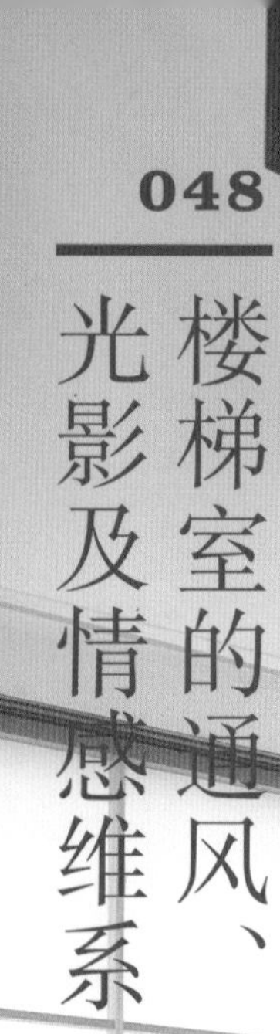

楼梯室的整体感

既开放又不乏安心感，一切拿捏都要刚刚好。

当要考虑室内温热环境的时候，如何控制上下楼层的热流动便成为一个问题。或者，索性利用『清风』系统使上下楼层处于开放状态倒也是个办法。可是，如果要最大限度减少上下楼所产生的不必要的热消耗，比较好的做法就是将楼梯室与其他房间区隔开。话虽如此，楼梯室一旦产生闭塞感，总是不招人喜欢。这时，一方面要让楼梯室保持独立，同时又得想好如何与其他房间建立关联，这样才能让整个住宅变得相对宽敞。

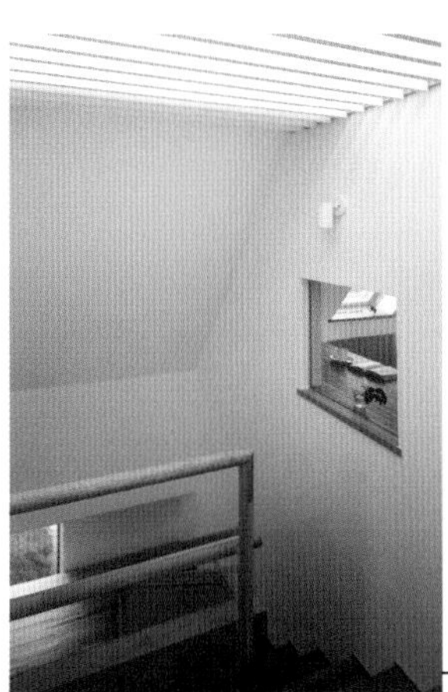

开设小窗口

在楼梯室的墙壁上开设小窗，可以看到卧室内的书桌。不需要的时候可以关闭。

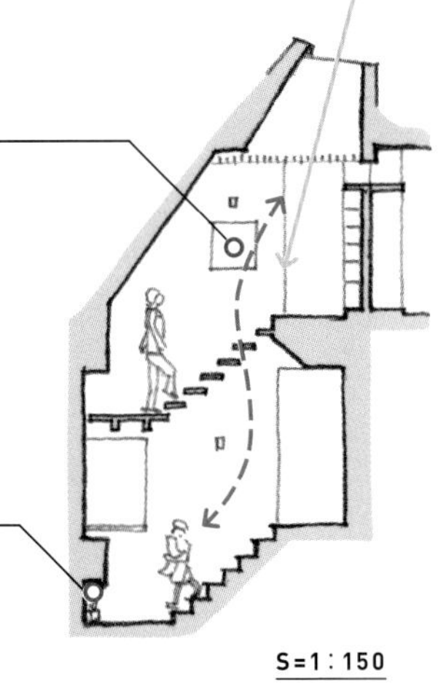

纵向空间的流动性

楼梯室尽管独立，但可以通过纵向空间传递光影，甚至达到通风效果，同时也是家庭成员交流感情的场所之一。

装饰架风口

楼梯转角有一处小小的装饰架。两侧安装实木条，隐藏了与楼下收纳间相连的通风口。

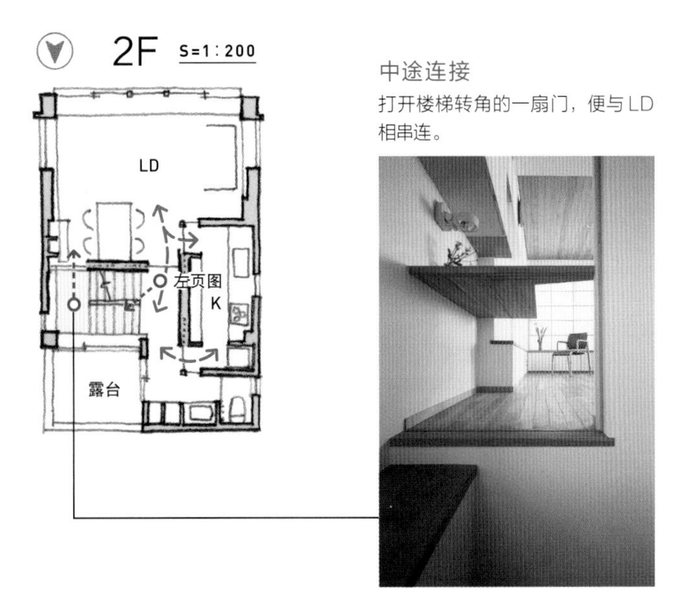

开关门控制法

LD、厨房、楼梯、走廊，三处独立空间，可以通过开关房门控制温度。

中途连接

打开楼梯转角的一扇门，便与LD相串连。

049

楼梯室是关键地带

引入柔和明亮的光线

从天窗洒落的自然光，让楼梯室始终处在柔和明亮的日照下。

除去挑高空间，楼梯室是家中唯一一处拥有『纵向连接』的地方，可以确保生活中上下楼层间的交流。

这户住家的二楼房间，隔着楼梯室保持着视觉上的连接。家庭成员可以通过楼梯室纵横交错的串连形式，知道彼此的存在，交流与联络情感。而天窗还能将明亮的自然光线传递到与楼梯室相连的各个空间。

通风、光影、情感维系

楼梯室是家中维系情感的场所之一，也是来自天窗的自然光与风到达各个房间的必经之路。

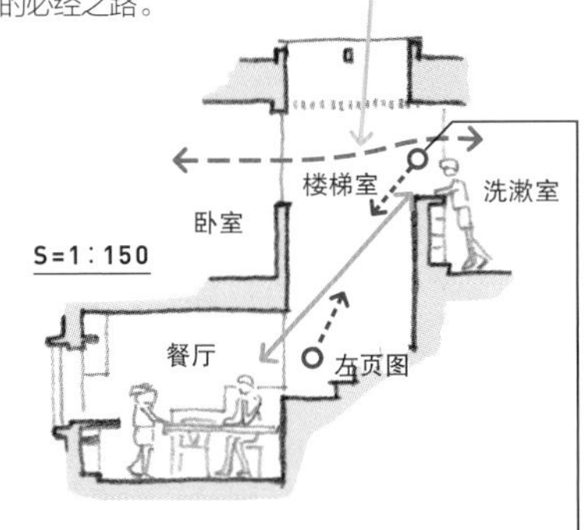

行进中的乐趣

并非全开放式的楼梯室，移步间，起居室与餐厅逐渐展现在眼前。

上下视线全无阻拦

在二楼的洗漱室可以隔着楼梯看到对面的卧室，以及一楼的餐厅。

不想产生串连时

隔着楼梯室的两处开口部，可以通过开关门调整连接形式。

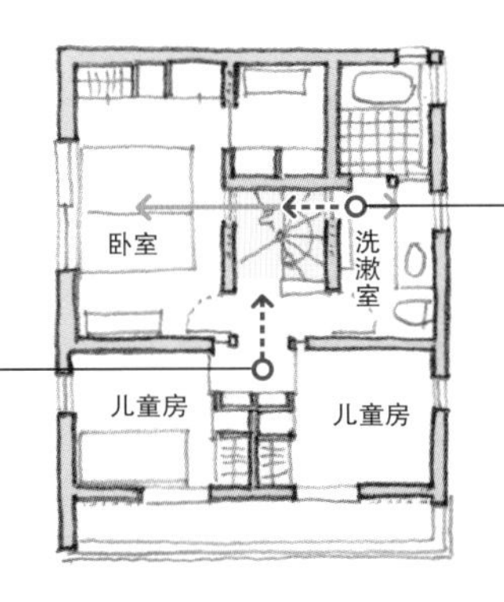

2F S=1：200

视线扩大的手法

二楼并没有双向动线，不过因为洗漱室与卧室隔着楼梯相对，在视觉上产生串连效果，不会有走到尽头的感觉，反而产生宽敞的感觉。

移动空间扩大法

空间变大的手法

从楼梯位置看走廊和中庭，尽管是移动空间，同样能够感觉到这部分区域很宽敞。

这栋住宅的整个格局，围绕中庭呈现出一个『コ』字。在『ロ』字形及『コ』字形的格局安排中，大多数会采用房间围绕中庭的排布方法，于是，走廊就变得必不可少。这个时候，走廊的存在不单单是一个移动空间，还是一处愉悦心情的场所。于是，这户人家在面对中庭的地方，配置了一整条的走廊，甚至还将楼梯安排在与走廊平行的位置，通过中庭、走廊、楼梯三个空间产生纵深感，起到了扩大空间的视觉效果。

走廊与中庭一体化

一楼二楼同样都是走廊与中庭一体的设计手法，制造出一个偌大的平行空间。而中庭，是日常生活中颇具存在感的一个场所。

阳台
走廊
中庭
走廊
配餐室
S=1：200

连接空间

从玄关看去，感觉走廊是中庭的一部分，视觉上产生内外连续的统一效果。

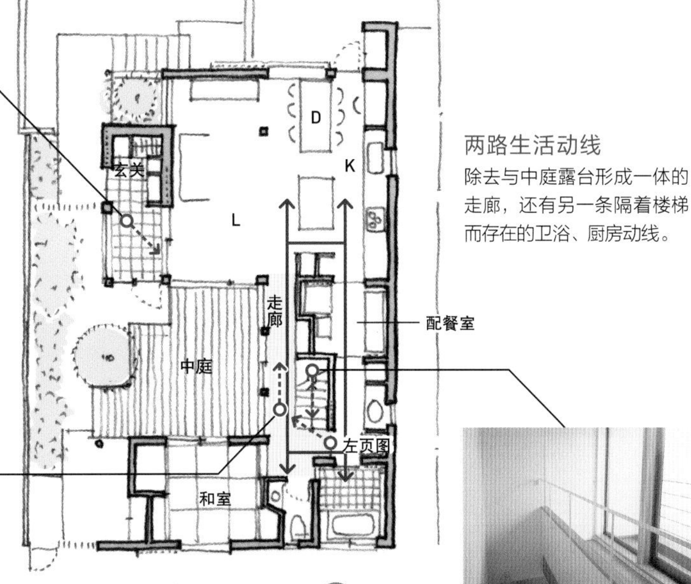

1F S=1：200

两路生活动线

除去与中庭露台形成一体的走廊，还有另一条隔着楼梯而存在的卫浴、厨房动线。

引入自然光

走廊与楼梯并排，各自感受到不同形式的自然光感。

走廊桥

二楼走廊隔着阳台面朝中庭。无论走廊还是阳台，都是桥状通路。

051

生活小技巧

装饰架隔断

起居室与楼梯的隔断是一处方格装饰架。起居室或楼梯，无论从哪边都可以放置小饰品点缀空间。

微型住宅中楼梯所占的比重自然会显得较大。光是把它作为上下楼的工具未免浪费，最好变成一处既方便又具趣味性的场所。比如上下层的连接、与紧邻区域的关联，我们要从各式各样的关系中找出与生活息息相关的形态，这便是需要巧花心思的地方。这样能为生活增添一丝乐趣，减少视觉疲劳，让楼梯在微型住宅中显出自己的重要性。

透明玻璃地砖

从一楼玄关抬头往上看到的是一部分的透明地砖，使楼梯空间向上产生穿越感。

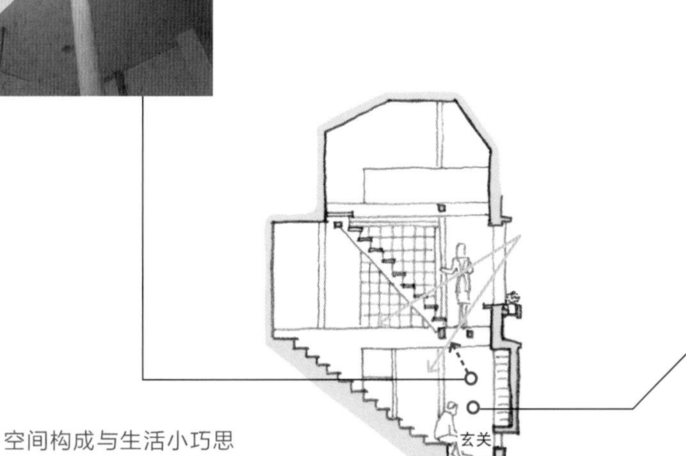

S=1:150

空间构成与生活小巧思

一楼至二楼、二楼至阁楼的两处楼梯，制造出纵向延伸的视觉感受。此外，楼梯最底下的台阶还能当椅子坐着换鞋。

一根圆柱

这个家的玄关周边区域，原本是由土间、玄关厅以及楼梯构成的统一空间，却通过一根圆柱，把各“部分”巧妙划分出来。

浓郁的生活气息

摆在宽窗台上的小饰物、窗边的绿色盆栽，还有楼梯周边的点缀，无不散发出浓浓的生活气息。

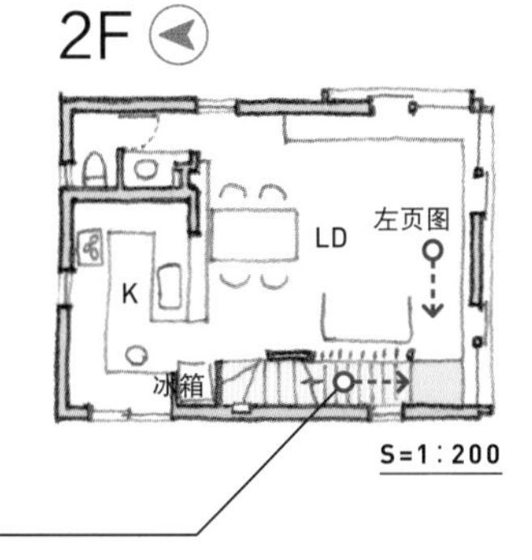

S=1:200

咦，不就是普通的楼梯吗?

为了在有限的使用面积中尽量多给LD争取些面积，只能把楼梯安排在一边。光看格局图不过是一处普普通通的楼梯，其实暗藏了玄机。

052

楼梯室的挑高效果

两处光源

从楼梯室看起居室。来自天窗的太阳光，以及透过格子门进入室内的柔光，两处对比强烈的光线，交织出光影纵深的效果。

楼梯是连接上下楼层的生活动线，同时也具有挑高空间的效果。利用这部分空间可以考虑到光照与通风的问题，甚至还是联络家人感情的场所。

在楼梯室的一部分天花板上开启百叶天窗，让柔和的自然光从二楼洒落至一楼。此外，二楼厨房与楼梯室相连，即便身在厨房，我们也能通过厨房墙壁上的小窗口，留意到一楼的动静。不仅如此，容易聚集热气的厨房，同样可以通过这个小小的窗口，与外部形成空气对流。

多处窗口

楼梯室占据住宅中心位置，除去天窗，还有面向中庭与二楼露台的两处窗口，保证了白天的光照以及通风。

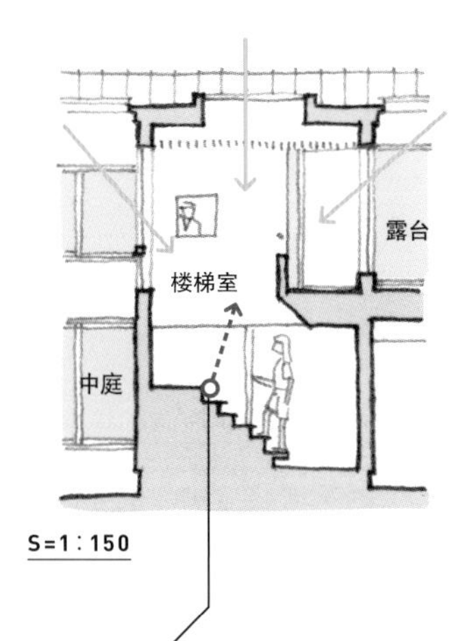

S=1∶150

上下楼的走向

从一楼玄关厅抬头看楼梯室，同时也能看见二楼走廊。从最前方的装饰柜到楼梯转角，再到楼梯扶手，形成一系列通往二楼的走向。

生活动线的重要环节

处在H型格局中心位置的楼梯室，也是生活动线的重要环节。踏上楼梯，一种身处住宅中心的安定感油然而生。

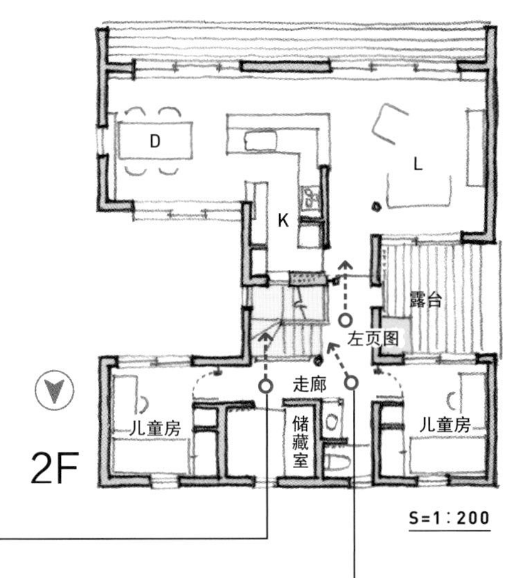

S=1∶200

部分可视的窗口

站在走廊上，隔着楼梯室也可以通过小窗口看见厨房。

还能变身装饰架

关上厨房墙壁上的小窗口，摇身变成装饰架。

053

两组楼梯

突显光影效果

一处楼梯设计成独立楼梯室的形式，来自天窗的自然光进入密闭空间后变得尤为亮眼。

一户人家两处楼梯。若是单从来往上下楼层的角度出发，明明一组楼梯就够了。为什么非得要两处呢？原来通过两处楼梯产生双向动线之后，大大提高了生活便利度，并且还能让空间变大。

特别是占地面积过大的住宅，为了让居室内看起来不至于太空旷，设置两处楼梯会产生房间变小的错觉。不过，楼梯的选址值得花心思，至少得有一处楼梯要与其他房间打成一片。

制造连接

从与二楼卧室相连的开口部往下看楼梯室，开口部可以通过房门决定开关。

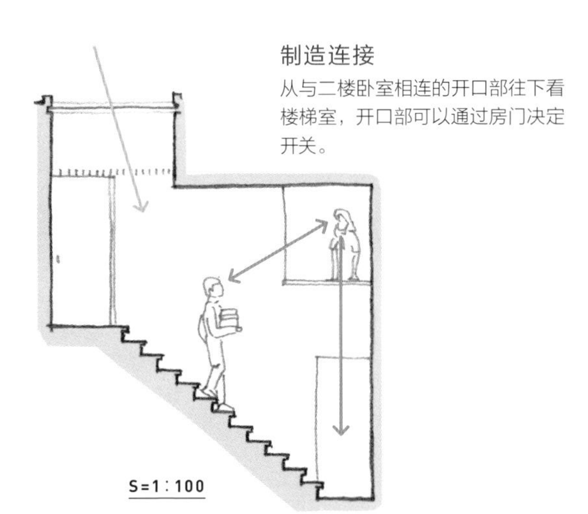

尽量拉开距离

将两处楼梯尽量分得最开，为制造上下层楼最大双向动线创造机会。

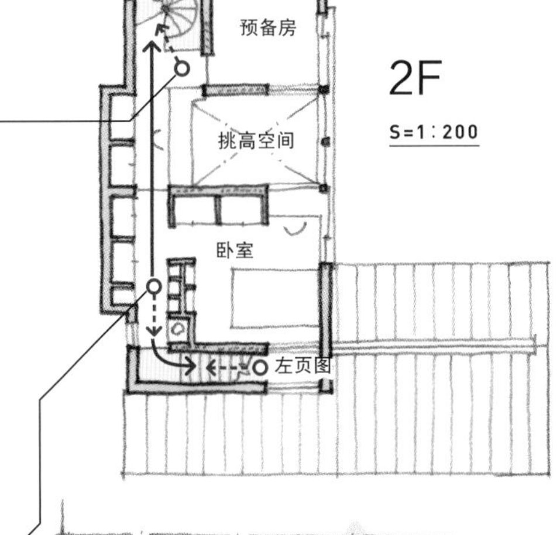

长条窗户

开放式楼梯的一侧是长条窗户，拉伸了纵向空间。

自然光的眷顾

楼梯室连接二楼卧室，只要拉开移门，卧室也能享受天窗带来的好光线。

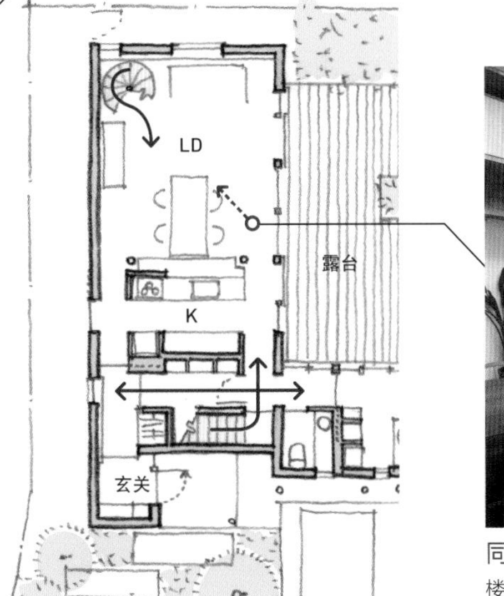

1F S=1：200

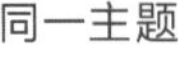

同一主题

楼梯安排在起居室，让房间有了同一主题。有了楼梯的存在，感觉空间被纵向拉伸了。

3章

玩味『串连』

在住宅区盖房子就一定会有邻居，因此盖房子不仅要考虑室内空间，还得考虑与外界的关系。倘若有庭院，可以盖出露台并种上绿色植物。除了特殊情况，无论把住宅盖得多大，到地界的距离必须要留白。可能的话，活用借景技巧，把室外景观积极地借来室内一用。就如同室内房间串连形成内部空间的形式一样，室内与室外也需要建立良好的关系，借用无敌外景。制造丰富的内外关系，有利于让生活变得更为多姿。如果说人类是大自然的一部分，那与外界的联系便是建造住宅时，想甩也甩不掉的重要因素。

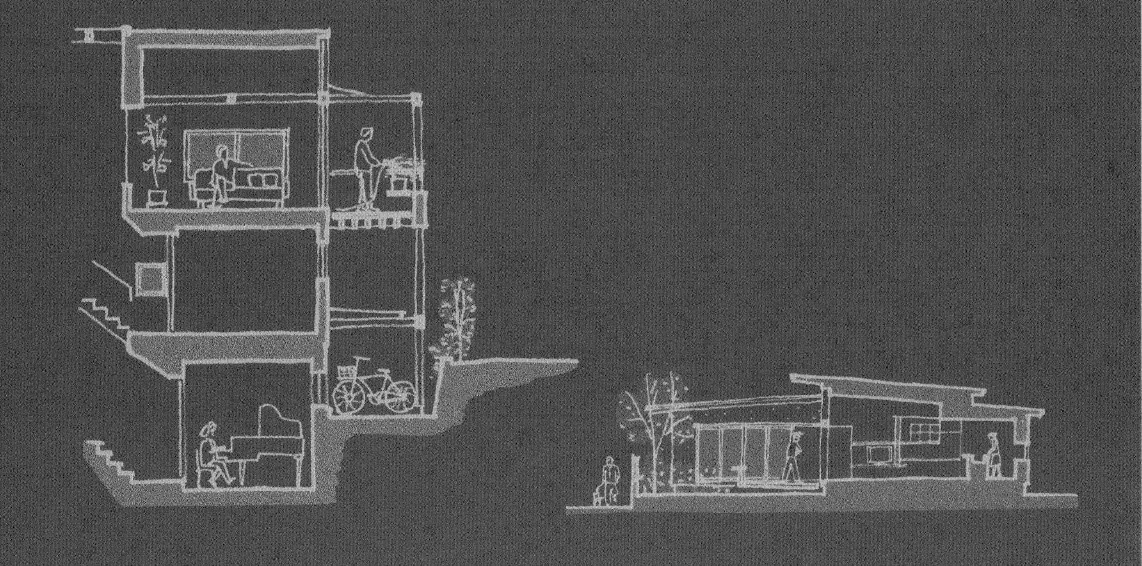

054

被凹形建筑围绕的庭院

强调铺木露台被围绕的感觉

在二楼看到庭院被整个建筑环绕。铺木露台有延伸空间的视觉效果，增加了庭院的宁谧气息。

遇到面对道路的庭院要如何设计呢？若面积与纵深都不是问题，自然不需要考虑太多。很多时候，就是夹在道路与建筑之间的那一小块地方不知该如何是好。这时，设计成被建筑物呈『凹』字形围绕的方案倒也不错。三面被围绕的庭院自然隔出一片天地，倘若三面都能与室内连接的话，就能形成室内空间的延伸。不仅如此，如果为部分庭院铺上实木，身在室外的感觉就会变得更加强烈，能为生活增添一丝新意。

落地窗和跳窗 S=1：150

起居室与南面的铺木露台通过落地窗相连，餐厅透过跳窗看得见北面坪庭。LD 所在的整个大空间既与外界产生关系，又不失稳重感。

控制窗户的高度

从玄关看到的庭院。因为限制了开口部的开合尺寸，更强调出延伸至露台的视觉效果。

前后皆为庭院

室内可以同时借到南北两处庭院的美景，视觉上显得更为畅通无阻。

透过植栽看室内

在路上可以透过植栽看到室内。晚上拉上格子门便能够阻挡来自外界的视线，而室内温馨的灯光却能够传递到外界。

通过庭院产生连接

和室通过落地移门与铺木露台相连，还能望见前方玄关的地窗。

055

连接内外的小小庭院

大门与玄关之间

如图向右绕过去便到达玄关。通过左边木格栅产生与小庭院视觉上的连接。

除非在郊外，市内住宅很难保证能有个大庭院。尽管如此，只要LDK是在一楼，即便面积小，也会想让居室与外界的关系表现得具有意义。这栋住宅的占地以南，一部分与道路连接，所以我们特意把停车位和玄关小径设计在这边，剩下一部分就让它们与外界保持联系，并铺上实木与室内起居室连接。一方面用镂空木格栅遮挡视线，另一方面又与玄关小径的木格栅相连接，形成呼应。从室内到实木露台，再到大门周边，将室内外含蓄串连。庭院虽小，却肩负着连接室内外的重任。

二楼探出的阳台

木格栅

L

露台

S=1：100

索性围绕

南面镂空木格栅的高度拿捏到位，甚至与二楼探出的阳台形成强烈包覆感，营造出这里的安心氛围。

植栽区域

铺木露台的一部分用来摆放植栽，制造出柔和的室外空间。

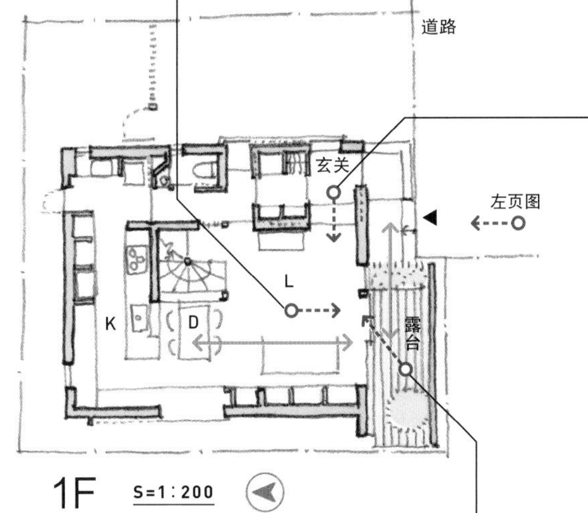

纳入室内

我们从与大门的关系，以及让LDK产生纵深感的角度出发，索性让铺木露台这一个半室外空间纳入室内范围。

室内外交替的不同感受

打开玄关与起居室交界的门，屋外的阳光让人产生置身室外的错觉。

三处空间的相连

站在铺木露台可以看到起居室，以及木格栅对面的大门周边。

056

制造纵深感

压低屋檐

走进玄关，穿过走廊，来到铺木露台，放眼望去便是一大片庭院。因为压低了屋檐的高度，拉伸了水平视线，更加凸显出庭院的幽深。

难得享受都市内无法触及的悠哉与惬意，那就彻底来一次与大自然的亲密接触，暂时忘却平日的匆忙，发自内心地与自然对话，回归自然。这里要介绍的是一处别墅建筑。身在室内就能眺望远处连绵的入笠山，站在庭院中，可见建筑物背后的一大片绿油油的山樱树。我们的设计理念便是要与大自然融为一体，因此较为大胆地采用了一系列大开间的落地门窗，形成室内至庭院深远的视觉感受。

拉伸串连

铺木露台三面被建筑环绕。与其中一处建筑的位置略为错开，形成拉伸了的串连关系。

走廊与铺木露台的效果

走廊与铺木露台配置在 LDK 与和室之间，制造出室内居室之间，以及室内外空间的纵深感。

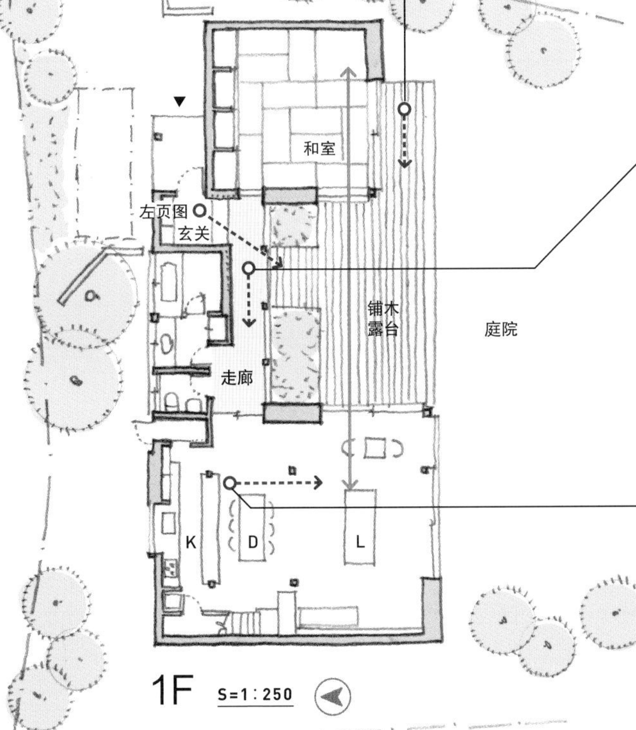

突显区域

走廊与铺木露台间种上植被，空间上便形成一体，却也间接划分出了各自区域，更增强了走廊前大片 LDK 区域的纵深感。

如何取景

从餐厅越过起居室望见庭院。利用餐厅天花板线条以及横长落地窗取景，同时增强了纵深感。

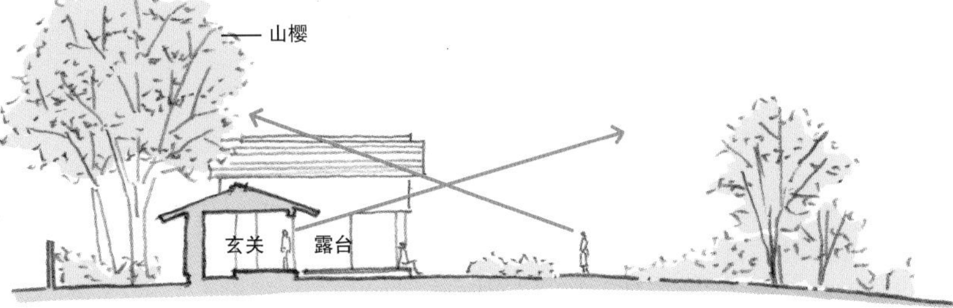

拉伸视觉长度

压低了天花板高度的玄关及走廊，与围绕建筑物的铺木露台产生连接关系，更是拉伸了到达庭院的视觉长度。

057 两处坪庭

与二楼也相连的坪庭

门廊上方是二楼露台，这便产生了与玄关前小坪庭的连接关系。

小庭院若采用错落分布的方法，可以加深与室内居室的关系。这户人家就有两处小庭院：一处融入大门区域，在玄关及卧室就能发现它的存在。另一处面对儿童房，呈现细长形的样态。围栏隔开了道路，并在窗前盖出铺木窄走廊，更拉近了室内与庭院的距离。

吸睛小庭院

从二楼露台与起居室可以望到玄关前的坪庭。尽管小，却也是家里的中心地带。

和室
露台
玄关
庭院
S=1：200

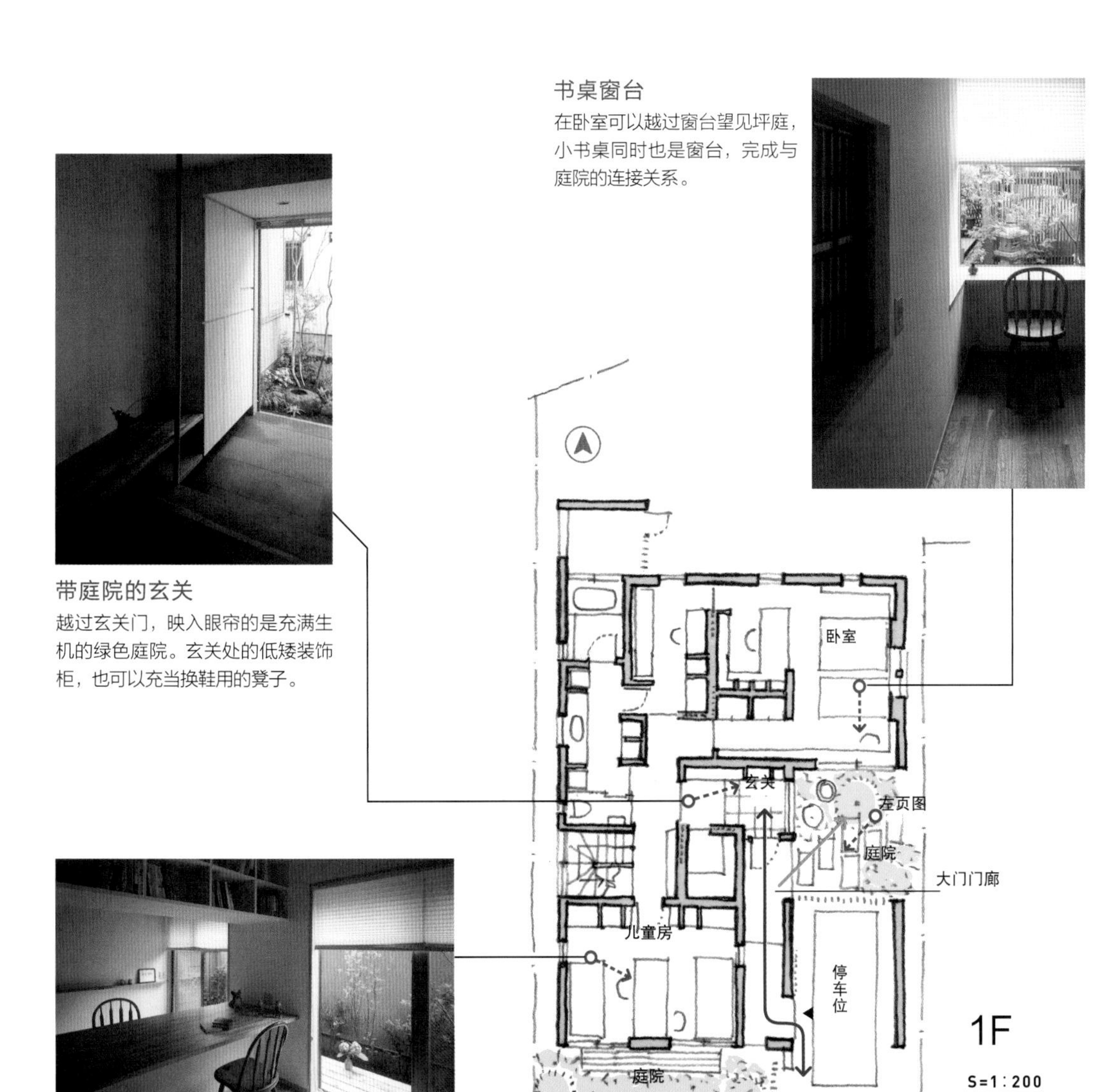

书桌窗台

在卧室可以越过窗台望见坪庭，小书桌同时也是窗台，完成与庭院的连接关系。

带庭院的玄关

越过玄关门，映入眼帘的是充满生机的绿色庭院。玄关处的低矮装饰柜，也可以充当换鞋用的凳子。

铺木窄走廊的效果

窗外是用木围栏隔成的小小庭院，窄走廊的加入强调出室内与庭院的连接关系。

满眼皆绿的玄关小径

在车库旁的大门前，可以透过木围栏看到儿童房前的坪庭。再往前走，眼前便出现玄关与卧室前的另一处坪庭。

058

南北双庭院

矮窄墙的效果

从和室可以看到北面庭院。外面的矮窄墙制造出室内外的连续性，视觉上让房间变大了。

一般而言，我们较容易把庭院放在南面，其实庭院北置也能产生别样静默的乐趣。

这户住家的南面庭院贯穿起居室、餐厅直到北面庭院，一气呵成连成一片。可以说，绿色生机时刻充盈在日常生活之中。南侧庭院中铺上实木条，成为使用频率较高的生活中心之一，而北面庭院常年都能看到绿色植物，是一处安静悠哉的私人空间。于是，由南至北制造出了层次感，使起居室、餐厅都各自独立。

儿童房 前室 露台
道路 南面庭院 露台 L D 北面庭院

S=1∶200

时而敞开、时而包覆

层高的微妙变化、庭院前的栅栏、门窗与房檐的关系，这些产生了居室时而敞开、时而包覆的效果，自然划分出静动皆有的室内外区域。

面对庭院敞开的半岛式厨房

厨房水槽前的敞开设计。厨房与餐厅形成同一空间，并且面对北庭开放。

道路 南面庭院 露台 L D 北面庭院 冰箱 K 玄关 左页图 和室

1F S=1∶200

内外一体

南北细长的占地中，两处庭院隔着居室南北相望。将起居室、餐厅朝着南北两端展开排布。

连接室内与庭院的铺木露台

绿色植物与矮窄墙将铺木露台围绕，与室内产生串连关系，制造出宽敞且安详的室内外环境。

格子门隔断

拉开埋在墙壁内的格子门，便看不到落地窗，营造出宁谧深沉的室内氛围。

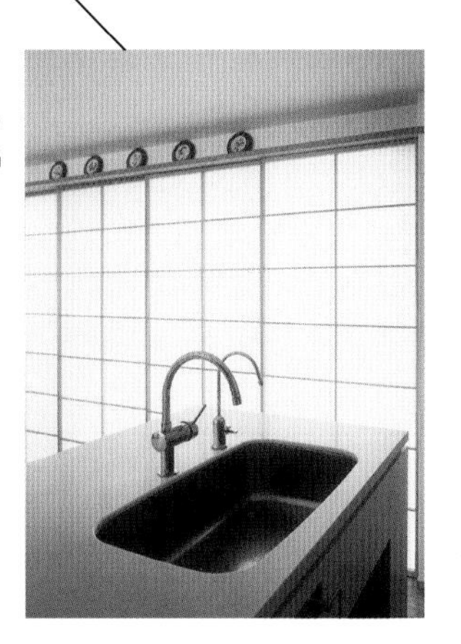

059 活用占地余白的坪庭

围墙环绕

浴室面向庭院，高高的围墙把道路隔开。入浴时可以毫无顾忌地欣赏院中绿植，而不需要担心来自室外的视线。

住宅与地界之间一定会留有类似余白的闲置部分。这户人家在地界线与道路之间竖起了较高的围墙，将围墙内的一小块地用作庭院，这样在浴室就可以观赏到窗外的绿色植物。此外，浴室隔壁的画室，延伸至室外，与铺木露台连接形成一体。

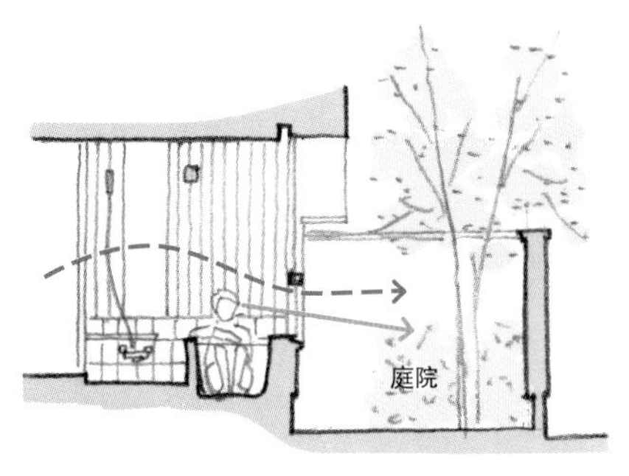

S=1：100

遮挡视线

泡澡时刚好可以欣赏庭院景色。来自道路方向的视线被围墙挡住。

双坪庭

这栋住宅的占地位于东南一角，浴室与迷你坪庭被安排在可以充分享受日光的南面，而另外一处坪庭则配置在玄关旁。

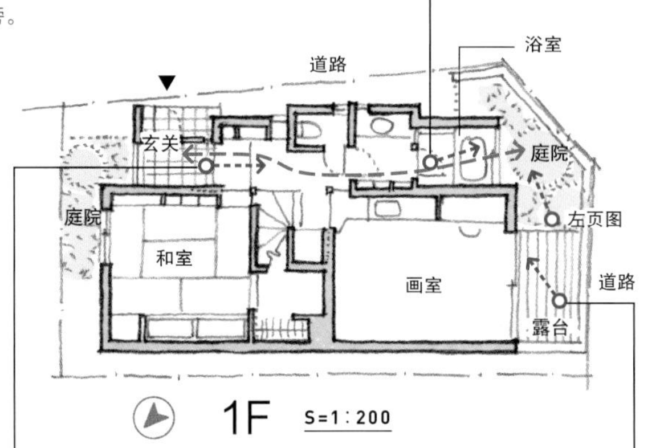

开窗的方式

浴室的窗户选用了上下两段式的段窗，上半部分的磨砂玻璃可以挡住邻家视线，下半部分的玻璃移窗既可以欣赏院景，又能保证通风。

满足通风与光照的走道

从玄关到走廊、洗漱室然后到浴室，形成了一个不间断的视线轴。白天，打开洗漱室的门，来自南面的自然光线以及微风便能进入这里。

坪庭与动线的并用

铺木露台与坪庭相连，可以一路通往道路一侧。打理植栽时，这里也是一条必经动线，便捷而有效。

060 挑高空间与采光井

上下视线畅通无阻

挑高空间与地下演奏室相连。纵长窗户的另一头是采光井。

在有限的占地内，为了确保生活所需的最基本的面积，只能增盖地下室。这户人家的地下室除了有两间儿童房，还有为喜爱音乐的两个孩子准备的乐器演奏室。既然是用来居住的，自然要考虑通风与采光的问题，因此面朝房间的采光井变得必不可少。这里通过两处采光井，为地下三个房间送去充足的自然光线与清风。

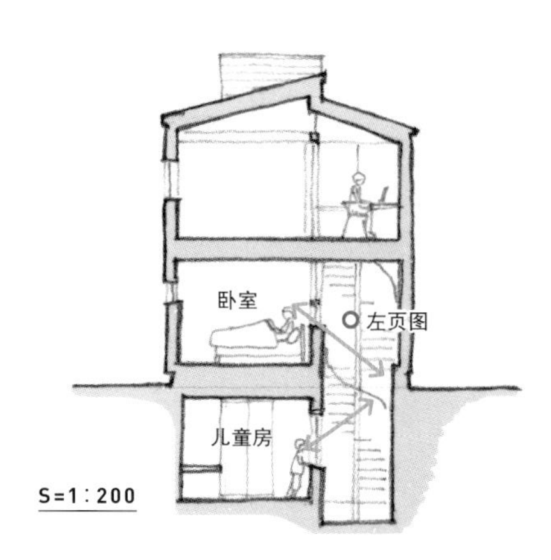

通过开关房门产生连接

儿童房与楼上的父母卧室，通过面朝楼梯室的房门连接。

一道墙划分区域

儿童房与放置钢琴的演奏室，只隔了一道墙壁，均面对采光井，并且都开设了窗户。

纵向拉伸

从地下演奏室往楼梯上方看去，地下室至二楼以及楼梯所在的挑高空间，纵向连接了上下区域。

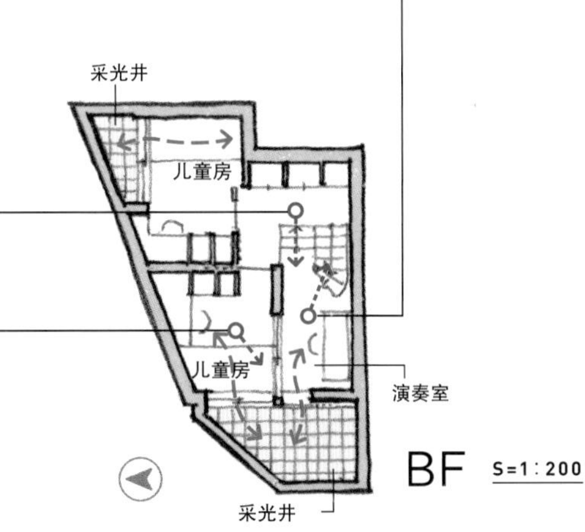

成为同一空间

打开地下室儿童房的房门就与隔壁演奏室相串连，并与采光井形成同一空间。

两处采光井

因为两处采光井的存在，让儿童房与演奏室都能接触到外部空气。儿童房的床与书桌以及收纳柜都是固定的，紧凑而有序。

061 水池中庭

水池与排椅

错层形式的中庭通过楼梯连接上下。高阶层的楼梯扶手也是排椅的靠背。低阶层内有个水池。

这是一处错层住宅，在细长形的建筑中设计出一个小小的中庭，为各个房间提供自然光线和清风。我们也可以把中庭用来栽种绿植，只不过这里连接高低不同的楼面，要尽量避免泥土，这才用石料地砖铺出了有段差的水池中庭来。

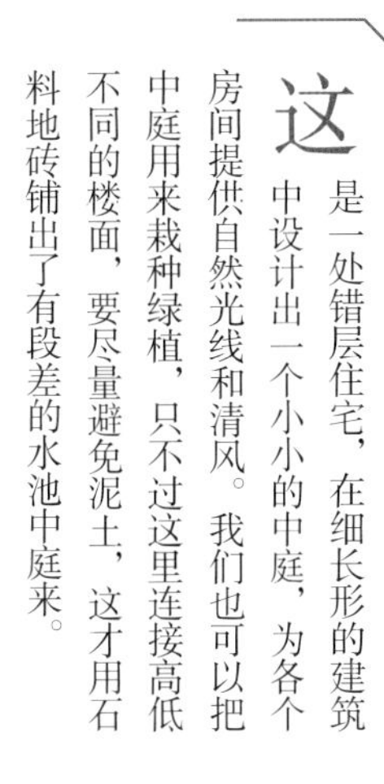

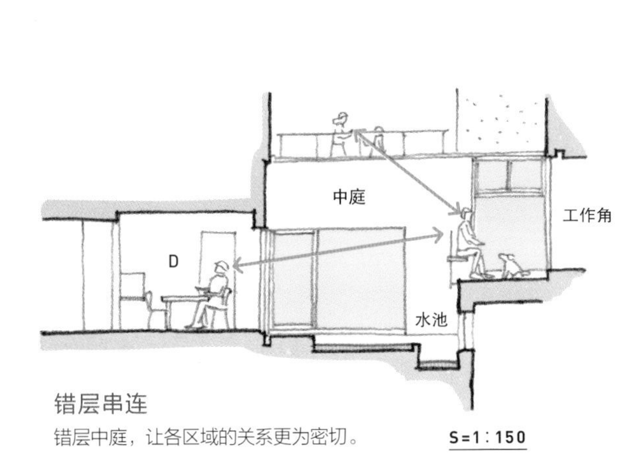

错层串连

错层中庭，让各区域的关系更为密切。 S=1：150

用作同一空间

两个餐厅与中庭。视线上半部分可以看到半格楼梯以上的中庭延伸区。

制造动线走向

与部分厨房相连的餐厅。起居室在一整排长条格子窗的尽头，于是这窗户制造出了动线流向。

水池的位置

我们在落地窗边设计出一个水池，这里甚至还成为中庭动线的一部分。与此同时，也让面朝中庭的居室相对保有一定的距离感。

窗边水池

从客用餐厅可以看到中庭。水池的存在让中庭产生纵深感。

062

露台制造庭院的纵深效果

与植栽恰到好处的关系

和室格子移门连着铺木露台，便与庭院中的植栽建立了良好的关系。

为了制造出庭院的纵深效果，可以在室内与庭院间加入露台作为过渡空间。正如这户人家，从起居室看出去就是露台，并且与庭院相连，制造出幽深的视觉效果。甚至，在露台前还放置了长椅，强调『场景』独立的同时，也营造出安定宁静的氛围。

铺木露台的作用

厨房、起居室、铺木露台，然后是植栽区域，空间上层层推进，向外延伸，而铺木露台更是婉转地将室内室外自然接轨。

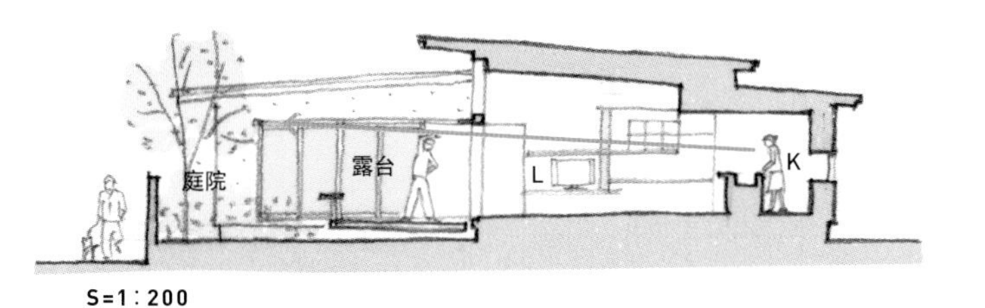

出入露台

露台面朝起居室，两侧分别与和室、卧室相连，并且两边都能直达露台。

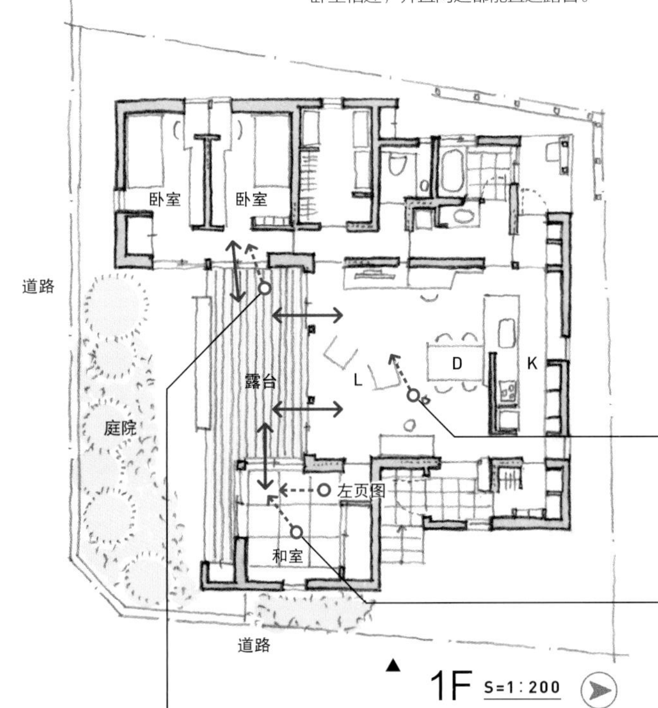

起居室与露台的整体性

起居室整排落地窗都与铺木露台相连，强调与外部的连接。

被露台围绕

和室的直角落地窗，产生被室外露台围绕的视觉效果，同时也增加了和室与露台的连接关系。

与卧室同样相连

铺木露台的一部分还连着卧室，甚至可以看到卧室内的书桌一角。

063

替代庭院的迷你露台

想见与不想见

由于停车库的地理位置，露台与室内之间产生几格台阶。不仅在露台看不到停车库，甚至还能欣赏到沿路大门廊上栽种的绿色植物。

占地面积先天不足，经常会造成车库与庭院无法兼得的问题。就算找到两全的方法，自行车多半就只能停靠窗前了。

这户人家的占地比路面高出大约半格台阶，因而停车位不会阻碍从室内往外的视野。我们在停车位所在区域的上方，设计出一个朝外探出的露台，并在露台边缘安装扶手长凳。在停车位入口上部的门廊种上植栽，让露台若隐若现。露台虽小，但由于台阶的介入，形成围绕效果，让这里成为一处既开放又不失沉稳的独立空间。

考虑植栽位置

门廊状设计的上方与停车位分别种上植物。尽管没有庭院，同样可以享受到绿植的乐趣。

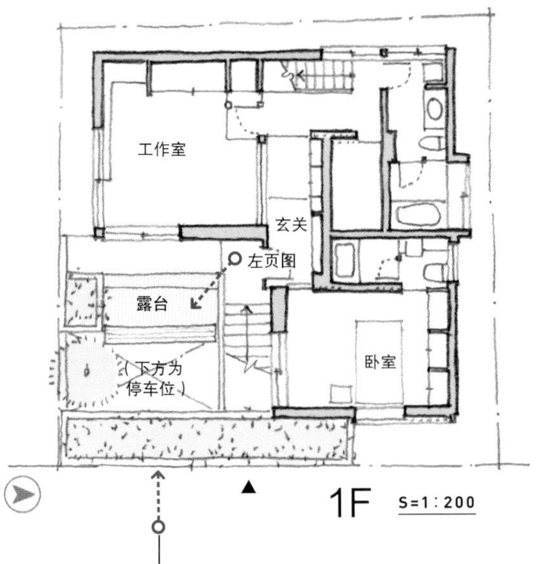

门廊状设计的效果

沿路的门廊状设计有效遮挡露台。此外，还能有效抑制建筑物的庞大感。

弱化停车位的存在感

从二楼起居室往下看停车位与露台。探出露台遮挡车库，低调不张扬。

包覆制造安全感

停车位上方的露台，即便被建筑物围绕，也丝毫不觉闭塞，反而增添安全感。

别有洞天

钻过“门廊”进入停车区域，露台边缘的长凳及扶手逐渐映入眼帘。

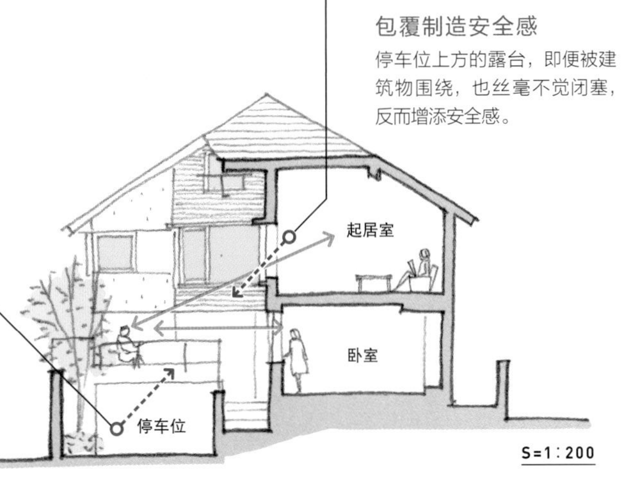

064 南北庭院的串连关系

视野与通风的考量

进入玄关，北侧庭院迎面而来。落地段窗的高度控制得刚好可以阻挡邻家的视线，下半部的窗户则出于通风考虑，开合自由。

如果没有条件盖出大庭院，就只能考虑将建筑剩余的留白空间加以利用。这户人家正是如此，南面剩余的留白用作面朝居室的露台庭院，北侧同样留作迷你坪庭。这两处小庭院同时与室内外多处区域连接，分别增加了各处的纵深感，起到视觉延伸的效果。

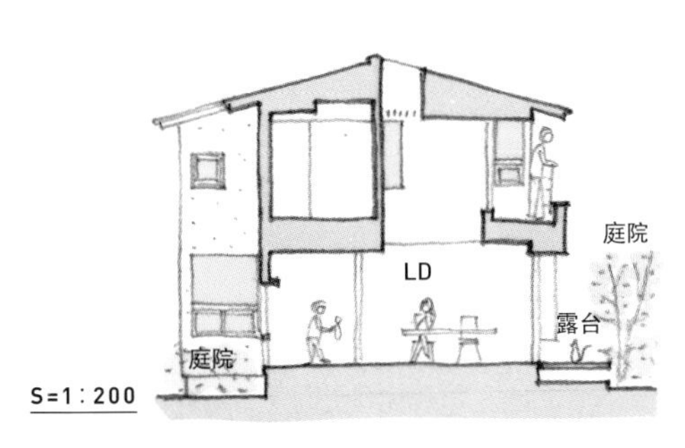

窗户的高度

LD夹在两处庭院之间，不同高度的窗户制造出与两个庭院各不相同的串连效果。

有时只是一处开口

将玄关厅与起居室交接的移门拉开，与北庭的连接关系变得更为强烈。

与庭院相串连的用水区

在洗漱室，视线可以越过浴室到达坪庭。白天，打开浴室门，这里的通风问题迎刃而解。

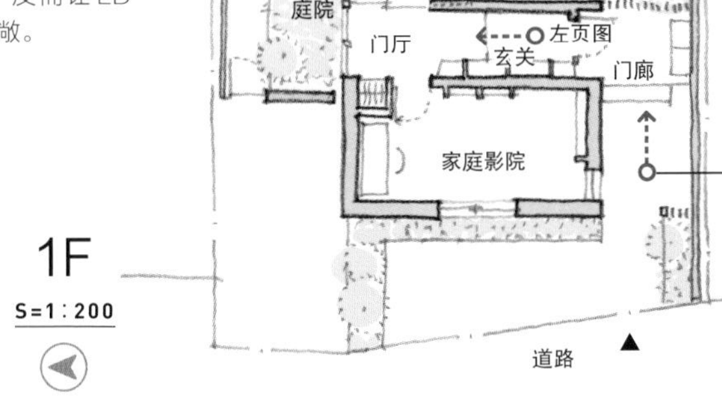

1F
S=1:200

南北庭院的视觉扩大化

既然无法在南面拥有大庭院，那就用南北双坪庭来取代吧。夹在两个庭院之间，反而让LD看起来更宽敞。

宽度与纵深的关系

站在门廊处，透过格栅漏缝隐约看到对面的露台庭院，这与室内的直观感受截然不同，多了一份幽深与神秘。

065

各种形式的开口部

隔断墙的存在

索性把隔断墙高高悬起，再加上大大的开口部，越过邻家屋檐采到自然光线，纳入的日光从楼梯室落至楼下，正因为隔断墙的存在，营造出室内稳重安逸的空间氛围。

说得极端些，建筑（住宅）就是由墙壁与开口部（窗口）的不同组合构成的。出于安全与隐私的考量，墙壁变得不可或缺。然而，若只有墙壁就如同回到人类刚开始的洞穴生活。为了追求光明，我们走出洞穴，开始建造建筑，走向全新生活。因此，『既要确保人身安全，又要与外界保有关联』就成了日常生活的重要因素之一。

既然要考虑室内外的关系，那就要设计出营造舒适感的窗户，必须考虑到采光、风向、取景甚至室内外视线的交错。为了打造不同场景，为了摆脱单调无味，就得采用落地窗、小窗等不同形式的开口部。

天窗
儿童房
左页图
S=1：100

楼梯室置南

开设了天窗的楼梯室就安排在南侧，来自南面的光线纵向贯穿室内。

协调光亮

光照来自玄关门一侧的长条缝隙，光线经过墙壁反射后的光亮与壁灯的明暗相得益彰。

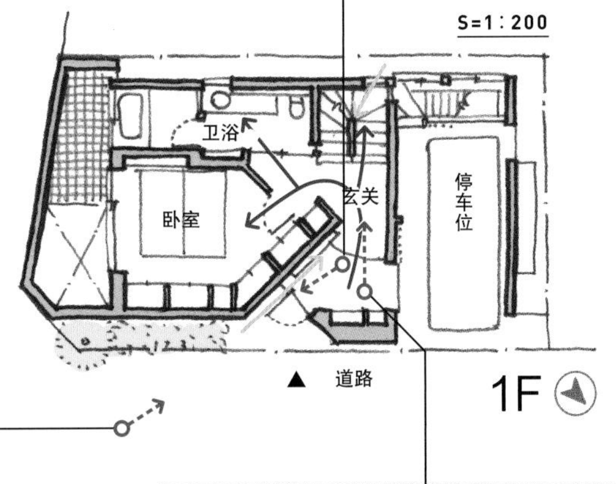

兵分两路的动线

进入玄关，楼梯室沿墙壁而设，动线路径也从这里分流，各自到达卧室和卫浴。

沿路风景线

从室内漏出的灯光，为街景增添一丝暖意。

窗户的各种职能

楼上的窗户将自然光线纳入，经楼梯室墙壁反射而下。正面的小窗户，可以用作通风口。

068

中庭，制造居室间的关系

与庭院的别样关联

中庭的南北面各是一间卧室，因此面朝南面的卧室（父亲的）通过落地窗与露台相连，而另一间卧室则透过跳窗面向庭院。

有中庭的格局方案形形色色，例如庭院居中的『ロ』字形、靠侧边的『コ』字形，以及几处小坪庭零星点缀的……这些形式各有特点。

这户人家就是把将近10帖大小的中庭靠边，成为『コ』字形的格局。一楼两处卧室将中庭『左右夹击』，玄关厅则可以直达中庭，而二楼的餐厅与儿童房可以由上而下欣赏中庭美景。如此一来，一楼两个房间、二楼两个房间，共计四个区域都可以通过中庭进行彼此视线的交流，传递情感。

窗外也是自己家

二楼儿童房透过中庭上空看到餐厅。窗外既有邻家美景，又能看到自家餐厅，同时看到两处不同场景。

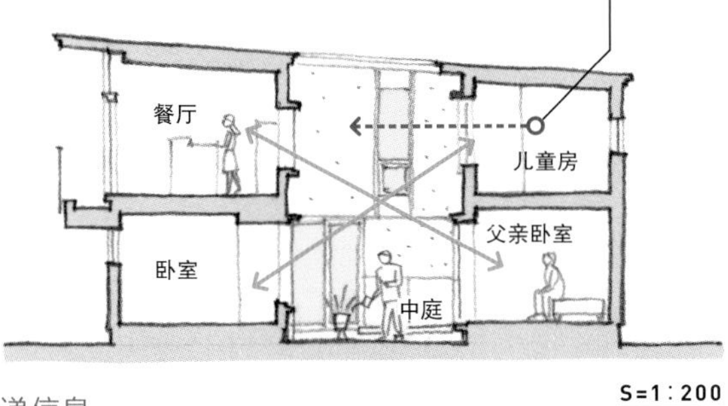

传递信息

隔着中庭，上下楼每个空间都能互相传递彼此状况。

进入玄关即刻与庭院连接

玄关厅可以自由出入中庭，再过去便到达庭院。如此串连使得玄关周边显得格外宽敞。

中庭的格局

夫妇俩的卧室与父亲的卧室分别居于中庭左右两侧。中庭的地面采用实木与零星大谷石料点缀的铺排方式，恰到好处的植栽若隐若现，有效遮挡邻家视线。

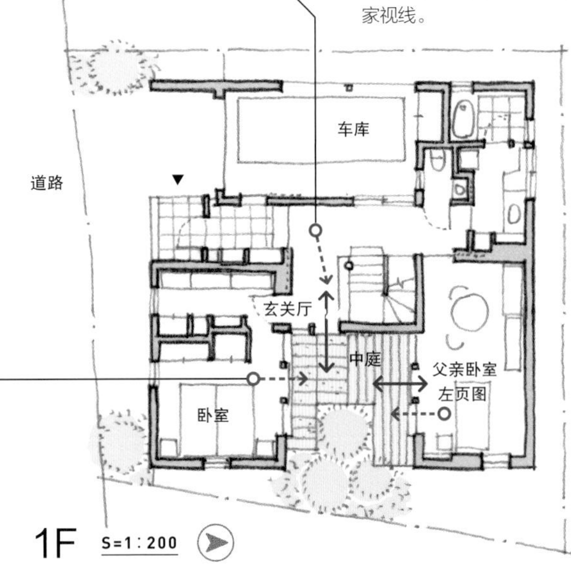

看得到的北庭

反射光线将北面庭院变得温婉柔和，这里没有落地窗的一览无遗，窗户的高低刚好能看到庭院，同时又保留了室内的安宁。

067

斜角天花板与天窗的组合

光影变化

经天窗进入室内的光线，落在墙壁上形成反射光，照亮室内。书桌上方的段差内墙，谱写光影变化。整个视觉焦点均集中在书桌周边，同时制造出舒适安宁的视觉感受。

由于道路与邻家等诸多外界固有因素，这栋住宅成了只能在西面开设窗口的细长形建筑，从南面采光变得十分困难。为此，我们将LDK安排在最顶上的三楼，通过开设天窗将南面采光变得可能。

虽说是单一开口的天窗，形式也是千变万化的。比如这个家，天窗就开设在位于部分挑高空间内的斜角天花板上，如此一来，房间变得比通常情况要大得多。

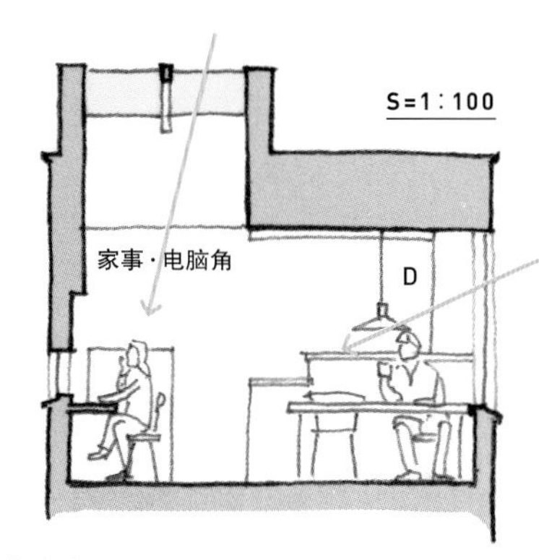

来自各处的光线

家事·电脑角的上方、餐桌一侧的窗口……都是光源进入室内的入口，与此同时，这些窗口还保持了与外界的联系。

有高度差的天花板

挑高空间内除了斜角天花板，其余天花板都是水平直线的，只不过面朝露台方向故意设计出了高低段差。

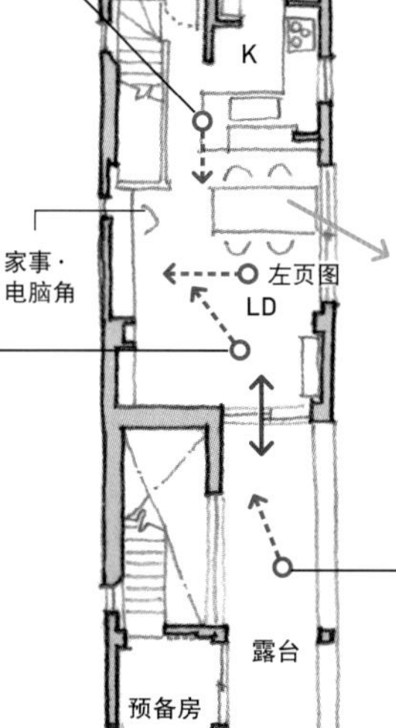

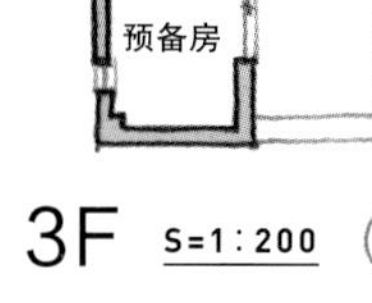

用开口部制造"场景"

与露台相连的LD落地窗、餐厅旁的腰窗、家事角上方的天窗，凭借这三处不同形式的开口部，达成同一楼面制造不同"场景"的视觉效果。

天花板制造空间走向

在斜角天花板的一部分开设天窗，扩大了室内空间，也因此制造出整个空间的走向。

两组自然光线

三楼露台替代了庭院的作用。来自这里与天窗的两组自然光线，照亮各个房间。

068

面朝庭院的卫浴

考虑窗户的形式

从庭院这边透过植栽可以瞥见浴室，浴室的段窗分为上下两部分：下半部分为固定的透明玻璃，用来观景；上半部分的移门窗则有利于通风和换气。

好想一边泡澡，一边欣赏室外美景啊！』我们经常会听到类似这样的要求。住宅区内隔壁就是邻居，很难把浴室门窗朝外敞开，于是我们便设计出小小的坪庭，种上绿色植物，在浴室就能欣赏美景。

这户人家的LDK面朝连接庭院的铺木露台，并且在靠近邻居家的一侧顺着建筑物筑起一道延续的围墙。而浴室就安置在庭院最深处的一角，并在浴室窗前种上绿色植物，几乎阻挡了来自庭院另一侧的所有视线。越过绿植，从浴室一路放眼望去，建立与坪庭以外世界的联系。

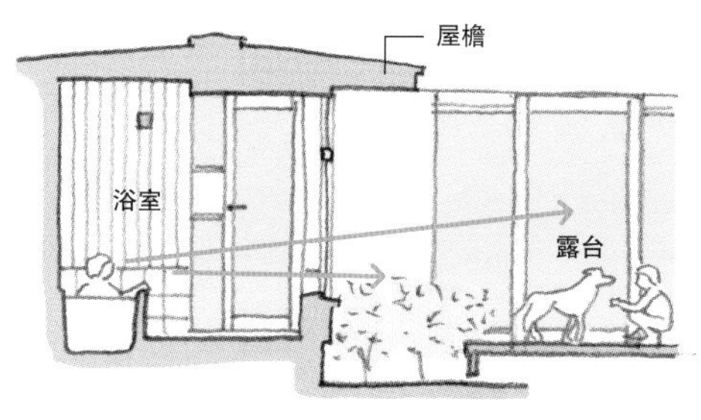

沐浴的同时……

窗前探出深深大屋檐，底下再种上植物。泡澡的同时，还能享受来自外界的养眼美景。

化妆间配备

厕所设计成化妆间的样子，配上实木梳妆桌与大面镜子。小小的装饰架连着窗台，底下摆上麻编收纳篮，实用装饰两不误。

镜子与照明的关系

洗漱室里摆有人造大理石的洗面台，墙上大面镜子的上部装有灯具，提供正面光亮。

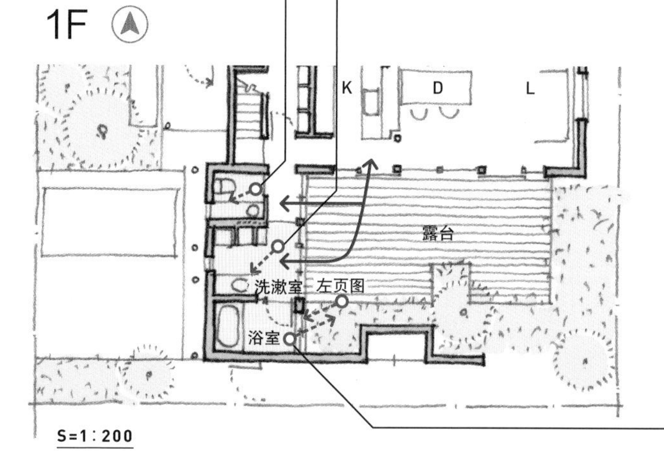

洗晒仅仅一步之遥

浴室、洗漱室、厕所，一律面朝铺木露台。从洗漱室就可以直通露台，洗衣、晒衣只是一步，一条十分便捷的家事动线打造成功。

浴室望到的景色

越过固定窗及窗前植栽，可以看到绿油油的铺木露台。

069

中心地带的标志树

去除压迫感

从地下庭院往上看。因为一楼有大面积的开口部，有效去除了中庭（采光井）固有的压迫感。

把建筑物围成的『コ』字地带一路挖到地下，形成地下中庭。这时，种植大量绿植变得不切实际，不如采用一棵标志性大树作为点缀来得应景。地下各区域均以标志树为中心，分散排布，构成包括中庭（采光井）在内的地下空间。

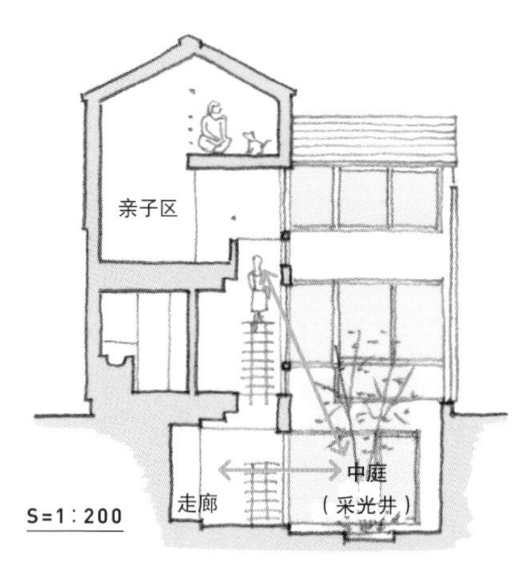

楼梯成为内外过渡的桥梁

楼梯所处的挑高空间面朝中庭，连接室内外，实现整体一致。

落地窗连接内外

地下书房凭借落地窗与采光井产生串连，增加了房间与采光井的整体感。

地板材料连接内外

室内与中庭均铺有地砖，视觉上内外是同一空间。

跳窗制造安定感

从地下预备房看到的中庭。预备房窗户较低，矮墙更是增加了居室内的安定感。

形成同一空间

中庭被两处居室与楼梯兼走廊的区域围绕。宽敞的走廊区让包括中庭在内的各区域连成一片，使地下室固有的闭塞感消失无踪。

070

大露台挪至三楼

通过挑高空间建立串连

三楼的起居室与餐厅共同构成挑高空间的一部分，并且挑高空间还与室外露台相连成为一体，甚至连接四楼区域。

如果占地的南面已经存在三层楼建筑，就算将一楼LDK挪至二楼，依然很难从南面采集到自然光。于是，索性把LDK搬到三楼，只不过，纳入日光仅依靠开设窗户远远不够，我们还设计了一个替代庭院且与室内连通的大露台。

像这般南面已被其他建筑遮挡日照的情况，即便同样在南面再盖一个庭院，依然无法享受日照。因此就如同这户人家那样，将LDK挪到二楼或三楼，而替代庭院的室外空间与LKD共同构建室内外的统一，这样的构思是不是也不错呢？

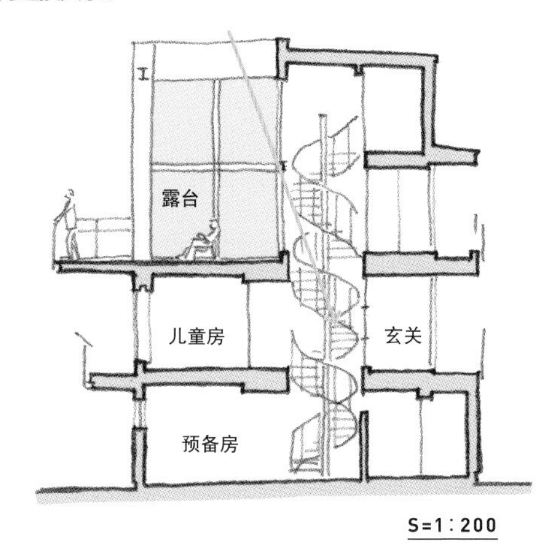

纵向至横向发展

贯穿四个楼层的旋转楼梯与三楼横向延伸的露台保持连接关系。

视觉走向

楼梯室与露台存在视觉上的串连。来到二楼楼梯，甚至会产生可以直接走到露台的错觉，露台另一头的景观无限延伸，令人产生遐想。

凹凸有致

这里看到的是建筑的外观。黑色立方体的部分内凹，外围白色矮墙围出外凸的露台，正好阻挡邻家视线。

确保空间大小

钢骨是建筑的主要承重材，所以可以满足大跨距的设计方案。不仅室内，连屋外都可以保证足够大的面积。

玻璃楼梯室

露台中朝外突出的楼梯室，四面都被透明玻璃围绕。但考虑到通风与室内温热环境，采用移门的形式加以调控。

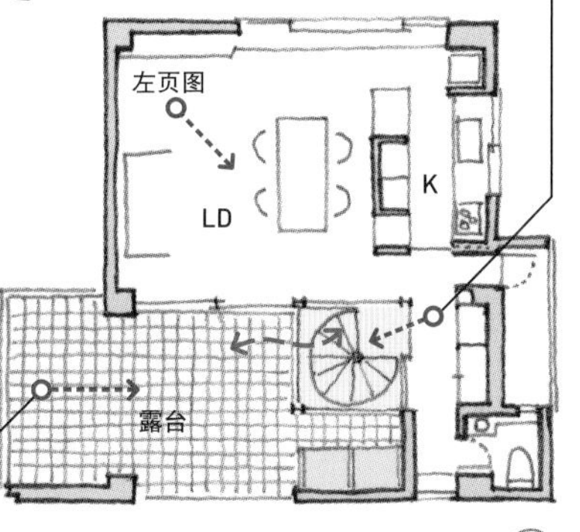

3F S=1：200

071

大空间与安心感兼有的中庭

创造大空间

中庭面对落地窗，可以看到富有生活情趣的屋内环境。上半部分是二楼的露台。

两代人居住的住宅，其中一楼是父母的生活空间。在拥有中庭的方案中，除了卫浴，其余区域都能一眼望到。

与大家庭有所不同，两个人的世界并没有那么热闹，若能时刻感受到彼此的存在，心理上较容易产生安全感。尽管中庭面积不大，却反而能与室内融为一体，并衬托出室内的宽敞。此外，缩小室内区域与中庭的距离，也是安全感产生的原因之一。

两代人居住的连接关系

二楼是孩子的生活区，从这里的露台就可以看到一楼中庭的状况。

纵向拉伸

一楼面积不大的中庭与二楼露台串连，甚至通过三楼露台与外部空间也建立起联系。

露台
兴趣室
中庭
走廊
浴室
S=1：200

靠墙而置

虽然餐厅略显空旷，不过紧靠隔断矮墙放置餐桌的方式，倒也营造出了安心满足的氛围。

S=1：250
LD
K
兴趣室
中庭
左页图
卧室
玄关
衣帽间
停车位
1F

多条双向动线

围绕中庭的是一组最大的双向动线，其余还有厨房及衣帽间周边的小动线。

外部空间室内化

夹着中庭，在起居室就能看到卧室。中庭虽小，看起来却像是室内的一部分。

072

露台在生活中的作用

浴室是庭院的一部分

看上去浴室和铺木露台仿佛融为一体，增强了视觉串连的效果。

无论庭院面积大与小，都要划分出露台与植栽的区域。比如这户人家，把一块内凹的区域设计成铺木露台，另一部分则为植栽区。二楼部分屋檐大面积探出，使得晾晒衣物成为可能。不仅如此，还与一楼部分起居室相连，摇身变为半室外起居室。因此，露台要在生活中充当何种角色，完全取决于所在的位置及形状。

制造室内空间

一楼起居室的一部分与铺木露台相连，使室内面积看起来更大。

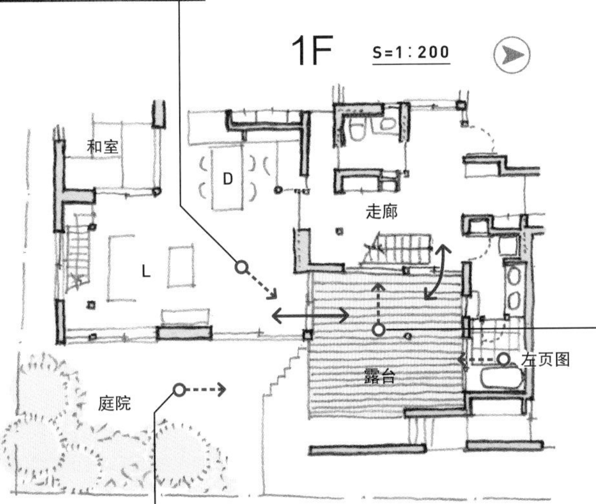

视野无阻碍固定窗

在铺木露台上，透过窗户，我们可以看到室内的楼梯。因为可以从室外擦窗，窗户即便选用固定式的也可以，从室外可以清楚地看到楼梯。

内凹露台

建筑物的内凹区域可以直接用来作为露台，尽管在室外，却也是室内的延伸。

制造纵深感

一楼露台与二楼阳台的顶部都被部分屋檐遮挡，从而形成了纵深感。

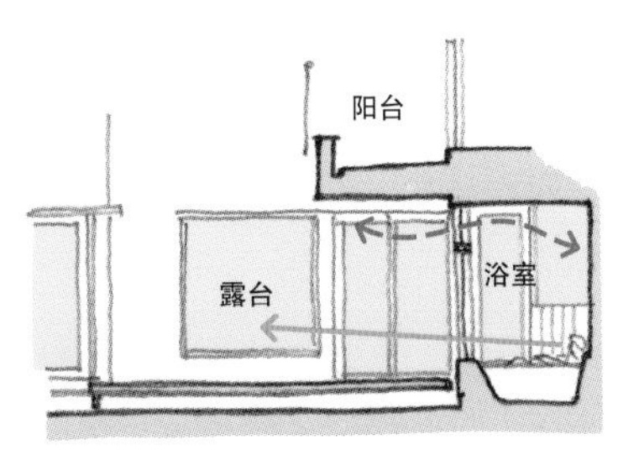

用大面积开口部连接

浴室通过大面积开口部连接露台，并且与庭院形成间接的串连关系。段窗的下半部分固定，保护了隐私，而上半部分则满足了通风的需要。

073

地下室也能亲近大自然

植物效应

站在采光井，越过树木隐约看到书房。绿植为采光井增添生机。

只要选对方式，地下室一样可以成为独立舒适的生活空间。如果设计采光井似的中庭，既通风，又能将自然光线纳入。光线经墙壁反射，最后柔和洒落室内。

这户人家在地下采光井内种植了一株夏椿，树下零星点缀些许龙须草，就算家里没有庭院，采光井也能满足与自然接触的需求。卧室、书房以及楼梯全都面朝采光井排布，地下室与地上生活并无不同，反而地下卧室与书房更为安静，不受打扰。

纵向空间的串连

楼梯室面朝采光井而建，借由楼梯室产生内外一体化的视觉感受。

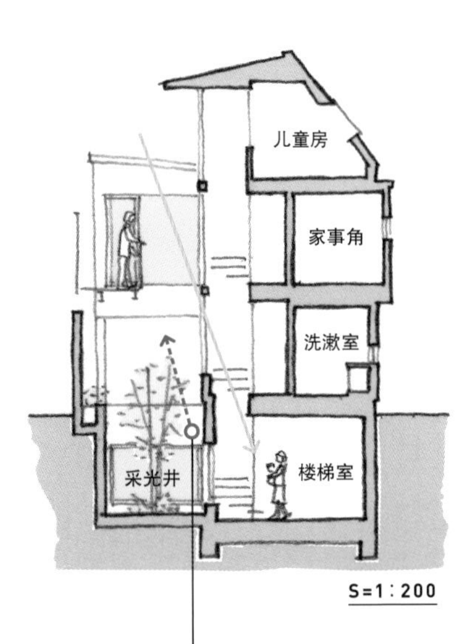

光线洒落

站在采光井抬头望去就是二楼露台。为了能让光线落至地下，露台选用镂空地板材。

消除闭塞感

地下影院就不需刻意设计成隔音室了，并且自然与楼梯相连，光线也能通过采光井落入此处。

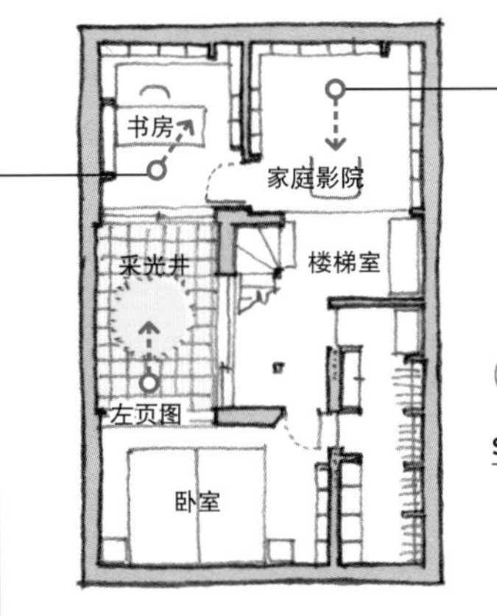

S=1：200

BF

主角夏椿

面朝采光井的地下起居室到夏椿的距离拿捏得恰到好处，既保护了隐私，又营造出地下空间的向心力。

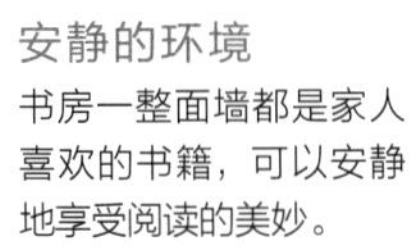

安静的环境

书房一整面墙都是家人喜欢的书籍，可以安静地享受阅读的美妙。

074 分享美景

巨大开口部

南面开设巨大开口部，让起居室与露台变成同一空间。

从二楼起居室往外探出的铺木露台，充当了这个家的『庭院』。露台前摆放花盆，承载着主人对红花绿叶的情有独钟，为了能让邻居也欣赏到，特意斟酌了扶手墙的高度与用材。此外，有了这些花卉的点缀，让自己与邻家的植物带产生了适当的间隔距离。

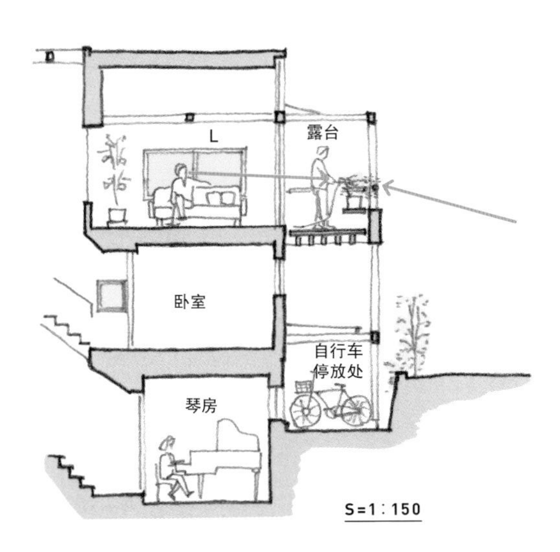

多功能露台

为了增加二楼露台的面积，加入了木格栅。又因为露台底下是自行车停放处，所以选择了透明屋檐。

与邻家的分享

从道路看到建筑的正面外观。摆放在露台的花卉，微微探出墙来。

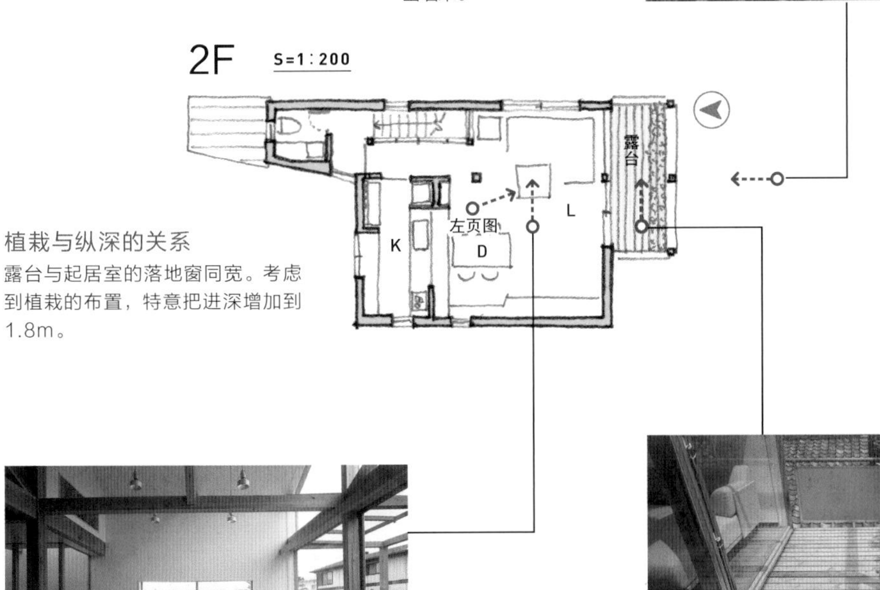

植栽与纵深的关系

露台与起居室的落地窗同宽。考虑到植栽的布置，特意把进深增加到1.8m。

大小各异的两处开口部

相对于南侧的大面积落地窗，东侧窗户的尺寸略有斟酌。大小的差异实现了视觉上的平衡。

扶手墙高度的拿捏

阳台的墙壁取决于花架的高度。不摆放花架的地方，可选用透明材质的壁板。

075

顺应生活所需的采光

柔和的反射光

在卫浴一角开了一处小小的天窗，经由墙壁反射的自然光线让室内变得明亮。

考虑采光时，应该想清楚『为什么这里需要自然光』，理由不同，采集方法也各不相同。只有先明确目的，才能让每一处的光线变得有特色，制造出不同『场景』所需要的效果。此外，需求来源于生活，『采光』成为必然，才能融入住宅设计之中。倘若虚有其表，时间久了，定会给住在里面的人带来困扰。因此，采光要从日常所需出发，这一点实为重要。

纳入间接光

卫浴周边可以通过天窗及内阳台纳入柔和的日照光。

适材适所的亮度

光线通过零星分布的窗口进入室内，能满足生活中的不同需求。

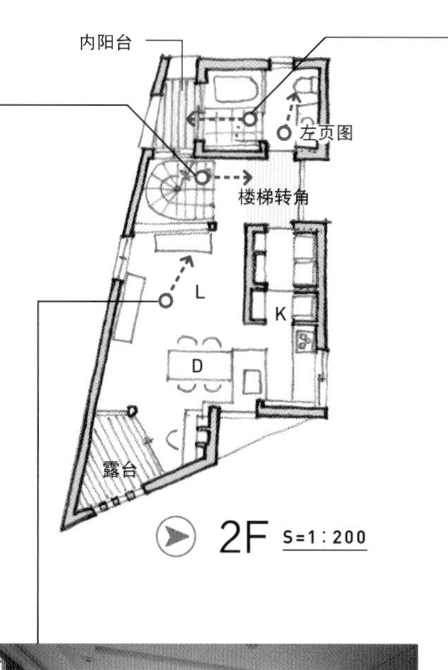

天窗满足室内晾晒

延伸一部分楼梯空间，并开设天窗，让室内晾晒成为可能。而开设在墙壁下半部的地窗，完全阻挡了外界的视线。

扩散光的效果

内阳台与浴室相连。为了遮挡邻家的视线，我们选用乳白色亚克力材质的落地挡板，挡板的扩散效果使得内阳台更加明亮。

光影效果

从起居室越过隔断墙看到的楼梯室。采自楼梯上方的光线，让室内形成明暗对比，制造出纵深效果。

076

中庭住宅的基本形态

足下有窗

一走进玄关厅，就能透过脚下的窗户看到中庭。因为只限定在脚下，感觉空间被向外抽出，产生视觉扩大的效果。

中庭住宅的格局，最能默默传递家人间的关怀。

这户人家拥有一个10帖左右的中庭，每个房间都面朝中庭而设，进出中庭变得如此简单、快捷。尽管中庭本属于外部空间，但选择了与室内相同质地的地板材，外加无任何固定植物，反而增强了中庭与室内的连接关系，强调了『这里与室内也是同一空间』的信息。

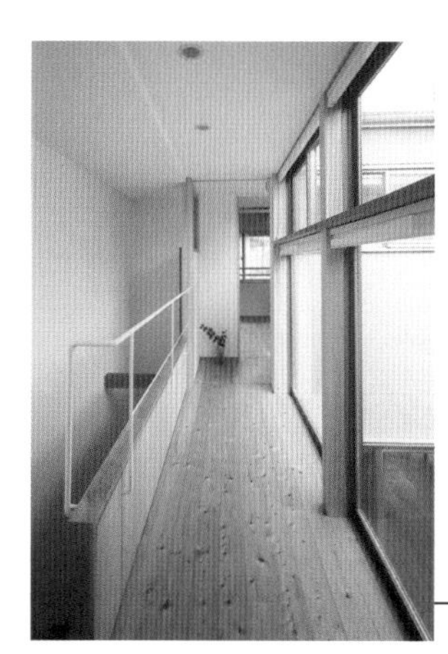

两段式窗卷帘

二楼楼梯室兼走廊的区域面朝中庭，在这里开设了一整排的两段式落地窗，因此窗卷帘自然也是两段分开的，使用起来多一种选择。走廊尽头是儿童房。

部分中庭担当屋檐的角色

从二楼往下看到的中庭。一部分中庭是二楼露台的延伸，由此产生纵深感。

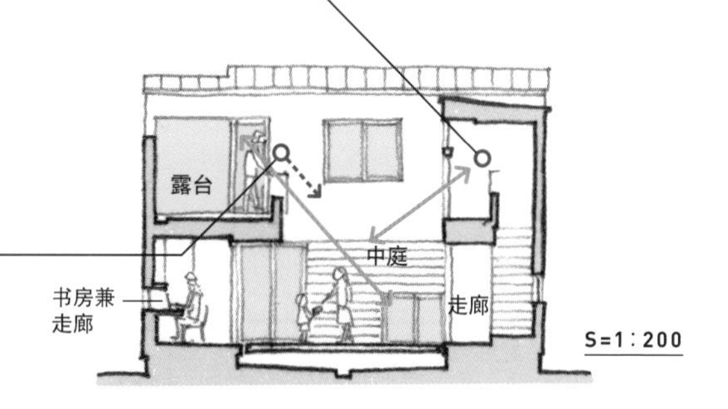

露台与中庭

二楼露台与同属外部空间的中庭形成视觉串连。“一楼洗漱室洗衣，经过旋转楼梯到二楼露台晾晒”，构成了中庭周边的一组家庭动线。

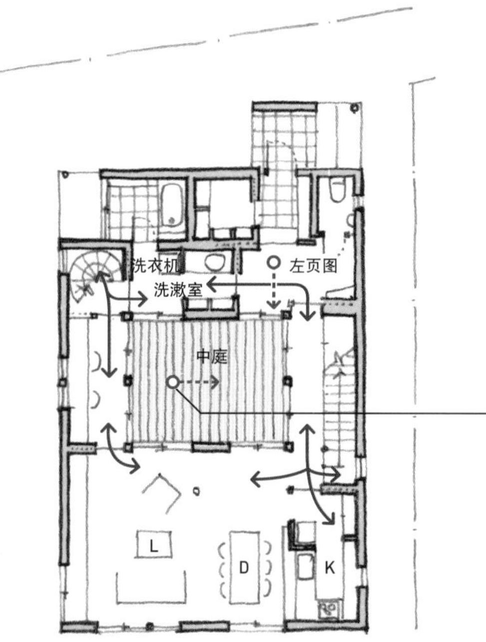

1F 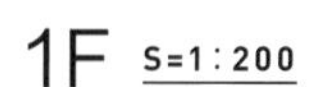

纵横交错的双向动线

围绕中庭这一中心区域，我们设计出几组双向动线。又因为有两处楼梯，通往二楼的路径自然变成两条，于是又形成一至二楼纵向的双向动线。

适应生活所需的窗户

从中庭看到的楼梯室兼走廊区域。一楼是方便进出的落地移门窗。二楼段窗的上半部分可以移动，有利于通风；出于安全的考虑，下半部分则选择固定的形式。

4章

格局衍生『走向』

家

是由房间与其他各区域组合而成的，这些房间与区域都与这个家有着千丝万缕的联系。LDK、卧室、儿童房……每一个房间与区域又都构成不同的『场景』，而连接这些『场景』的便是这个家的『走向』。说到『走向』，就一定会考虑『格局』。『静』（第一章）与『动』（第二章）的结合制造出不同『场景』，将这些『场景』与外部『串连』（第三章）而构成家。最后，拥有合理的『走向』，会为空间增色，使住宅成为长居好住的舒适之家。

接下来，我将不再对住宅格局多加赘言，而是从家的整体出发，全方位介绍各种设计技巧。

多重双向动线的家

—流山的家—

077

剪断视线 呈现绿色庭院

这块位于西南一角的占地，面积超过90坪，十分宽敞。先天条件如此优越，庭院置南也就毫无悬念了，唯一值得注意的是住宅与道路的关系。出于居住环境的考虑，庭院的绿色生机若能被外界欣赏自然不错，可是这户人家似乎又不太希望把室内状况曝露在公众视线中。于是，我们设立外墙，阻扰视线。而道路与围墙间设定为停车区域，可以有效减弱来自围墙的压迫感。此外，占地原本就高出路面半米左右，这使得墙内植物可以更多地展露给行人观赏。

（左）大门、门廊区域。进门后，缓缓上升的台阶小径，一路引领我们到达玄关。（右）于西南角看到的建筑外观。大门设在占地一角，并有朝外探出用来避雨的大屋檐。

流山的家

家庭成员	夫妇+孩子2人
占地面积	317.84m^2（96.15坪）
使用面积	154.77m^2（46.82坪）
构造规模	2层楼木造结构
施工单位	渡边富工程公司（负责人：龟田刚）
设计师	三平奏子

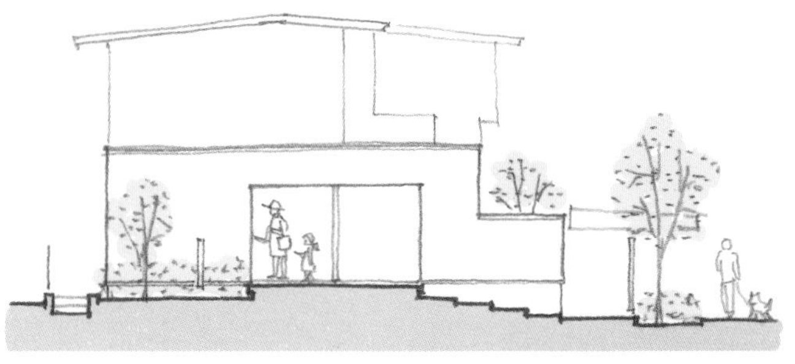

相对餐厅而言，厨房属于半开放式。

餐厅的落地窗可以完全打开，与铺木露台串连。右手边靠里是起居室，也可以通过移门隔开或连接。

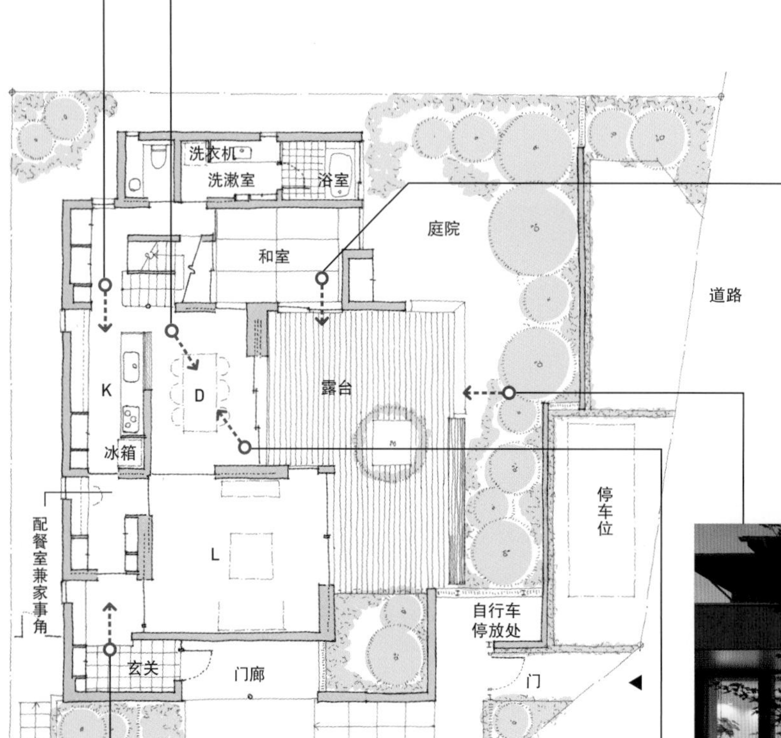

和室也能通过落地窗与铺木露台连接。露台的一部分虽然显得狭窄，但也产生了纵深感。

从庭院看到的餐厅与起居室。在露台中央种上植物，制造出庭院至室内的纵深效果。

从玄关穿过配餐室兼家事角，一路通往厨房，甚至还可以到达卫浴。

看得到餐厅内侧的厨房与楼梯，这让长方形居室产生了纵深感。

拉开楼梯室墙壁的移门，便同卧室与儿童房产生串连关系。

二楼厕所也可以简单洗漱，还装上了镜子，空间看起来很大。

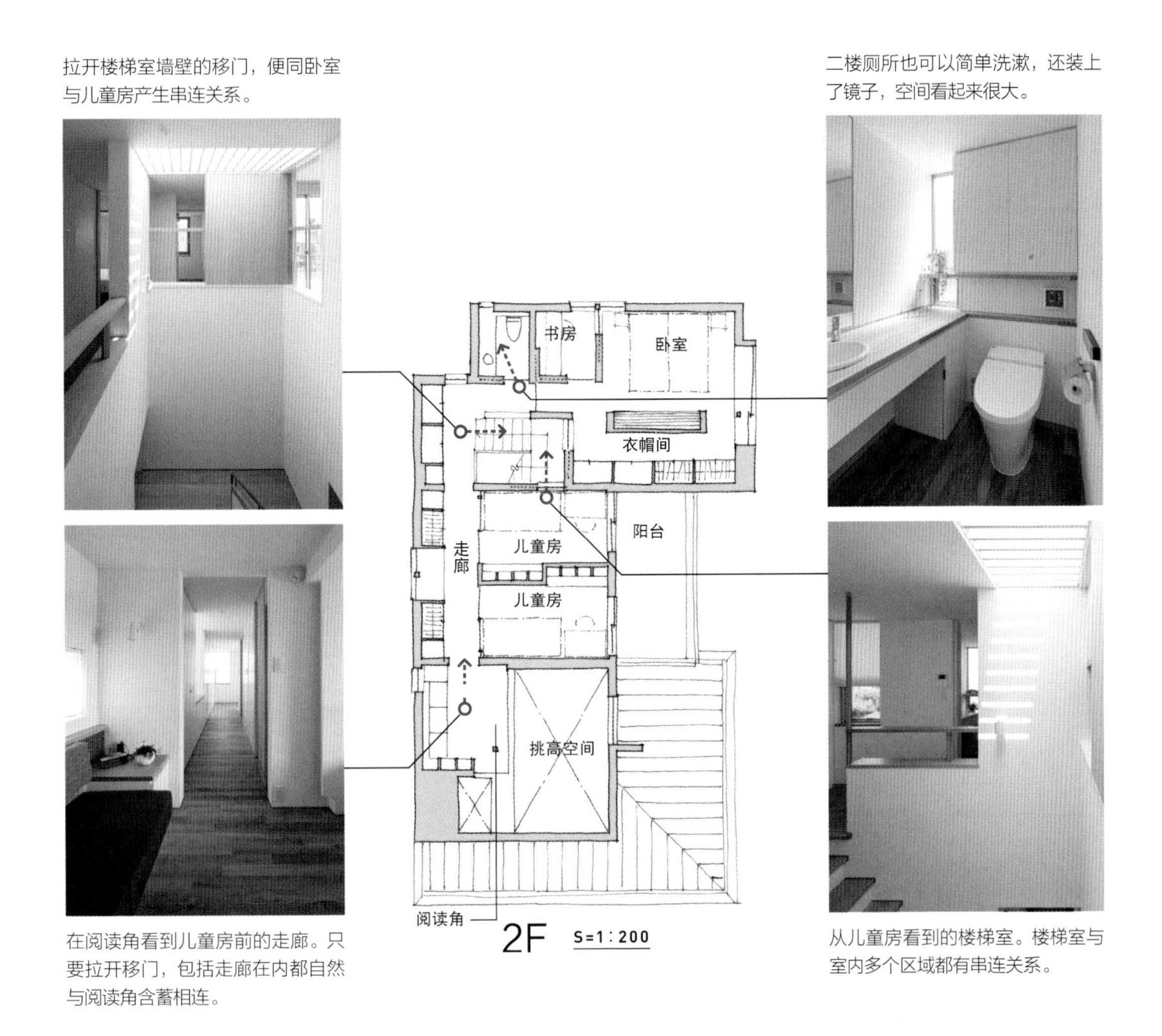

在阅读角看到儿童房前的走廊。只要拉开移门，包括走廊在内都自然与阅读角含蓄相连。

从儿童房看到的楼梯室。楼梯室与室内多个区域都有串连关系。

坐在阅读角的长凳上，可以通过挑高空间墙壁的窗口，眺望远处。

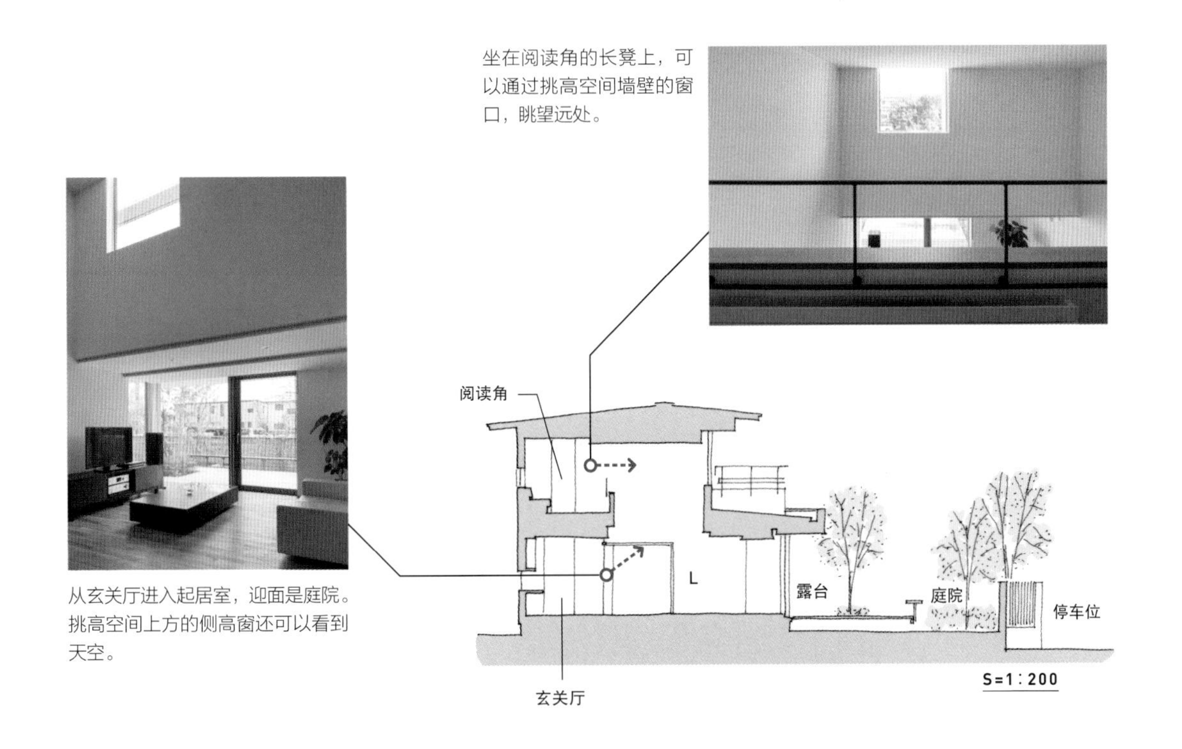

从玄关厅进入起居室，迎面是庭院。挑高空间上方的侧高窗还可以看到天空。

铺木露台占据庭院的一半面积，是起居室与餐厅的延伸部分。阳台也朝相同方向探出，为露台区域增添一份舒适与安心。

这里是二楼的阅读角。坐在固定沙发上，
享受悬浮于挑高空间的奇妙体验。

078

既宽敞又安心

这户人家的起居室与餐厅泾渭分明，形成两个相对独立的空间，但起居室又通过挑高空间与二楼阅读角保持串连。不同形式的挑高空间会给日常生活造成不同影响，赢了面积，可能就会输掉安心感。而这里的挑高空间占据起居室一半空间，剩下的另一半中，故意将天花板压低到两米出头一点，达到了既宽敞又安心的双赢效果。

阅读角
玄关
L
S=1：250

从玄关厅来到起居室，映入眼帘的就是庭院的绿色世界。通过挑高空间的高窗，视线可以投向更远的天空。此外，起居室的尽头还连着餐厅。

（左）从二楼走廊至朝南卧室的窗户，视线一路畅通无阻。楼梯室高窗周边的明亮与此处形成强烈对比。
（右）走廊的尽头是和室，再往外便能看到庭院。从楼梯室漏出的些许微光，一直落到走廊尽头。

079 制造明暗对比

无论考虑何种格局，家里的面积越大，越逃不开这样的情况：有些区域可以面朝庭院，有些区域却没法面朝庭院。不过，若从日常所需出发，我们知道并没有必要让所有区域都对着庭院，整日接受日照。宽敞、狭小、明亮、昏暗……这样拥有某种程度上对比的住宅更贴近生活。甚至，若能从狭小、昏暗的场所自然过渡到宽敞、明亮就再好不过了，这样既能制造出住宅的纵深感，又能营造安逸沉稳的居家氛围。

从洗漱室隔着浴室可以看到南面庭院，它们之间的隔断采用透明强化玻璃，因此在洗漱室就能享受庭院美景。

站在厨房水槽前，越过餐厅看到的庭院。“凸”形露台让庭院产生纵深感。

080

餐厅与起居室分离

尽管餐厅与起居室合而为一的方案比较普遍，但也还是有办法把它们分开，其中包括完全分离与用移门隔开两种情况。

这户人家采用的是第二种方法，并且在拉上移门餐厅就能成为独立空间的前提下，将铺木露台设计成外凸的形状。于是餐厅与露台产生串连，让起居室也产生不一样的趣味。

从铺木露台看到的餐厅。落地窗及木门框全都埋入墙壁内，使露台与餐厅看起来是一体的。

若即若离的两代同居生活

—代泽的家—

因为占地高于路面，于是加设了室外楼梯。
楼梯尽头是探出的屋檐，制造出停留空间。

081

停车位制造距离感

人们对车子的执迷各不相同，光是一个停车位就有很多选择。如果有人喜欢盖内敛的独立车库，就会有人像这家的主人一样，对露天停车位情有独钟。

这里的占地原本就高出路面，加上又是三层楼，一靠近住宅就容易产生压迫感。我们把停车位安插在道路与建筑物之间，多少能削弱一些压迫感，同时还赢得了通往玄关的距离，为设置玄关小径创造条件。

门廊

S=1：120

代泽的家

家庭成员　父母+夫妇+孩子2人
占地面积　201.38m²（60.92坪）
使用面积　181.75m²（54.98坪）
构造规模　3层楼木造结构
施工单位　渡边富工程公司（负责人：四方洋）
设计师　滩部智子

道路与建筑物之间空出两辆车大小的停车位，造成建筑物退后的视觉效果，减少了三层楼建筑可能造成的压迫感与庞大感。

餐桌安置在通往三楼的楼梯边上。由上至下的柔光，在视觉上扩大了餐厅面积。

隔着铺木露台，在一楼卧室就能望见对面的和室。落地窗台微微高出地面，被包覆的卧室充满着安逸的气氛。

在二楼起居室有三条视线轴，分别是：可以看到天空的高侧窗、看到阳台的腰窗以及处在对角线延长线上的餐厅。

阳台
儿童房
D
L
K
冰箱

2F S=1:200

衣帽间
洗漱室
浴室
洗衣机
卧室
K
冰箱
D
露台
L
和室
玄关
玄关
停车位
道路

1F S=1:200

一进玄关，眼前就是室外的绿色植物，让这里也成为半个室外空间。

连接一、二楼的楼梯。纵长条窗户让整面墙壁都发挥出反射的效果，楼梯室沐浴在柔光之中。

两代人共享的和室。从两代人居住的各自玄关都可以通往这里。

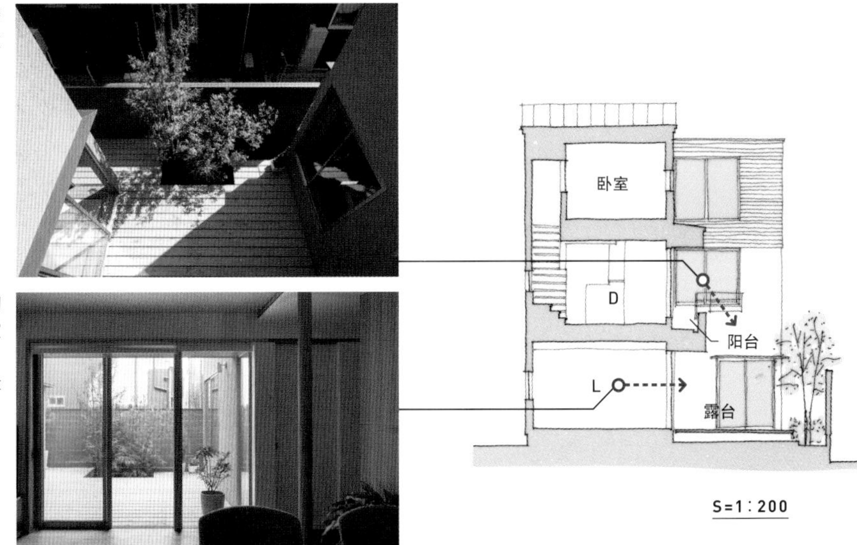

二楼阳台往下看到的一楼露台。铺木露台中的标志树给空间增色不少。

从一楼父母起居室看到的露台。木栅栏成为与邻家的分界岭，被涂成黑色后，削弱了它过于强烈的存在感。

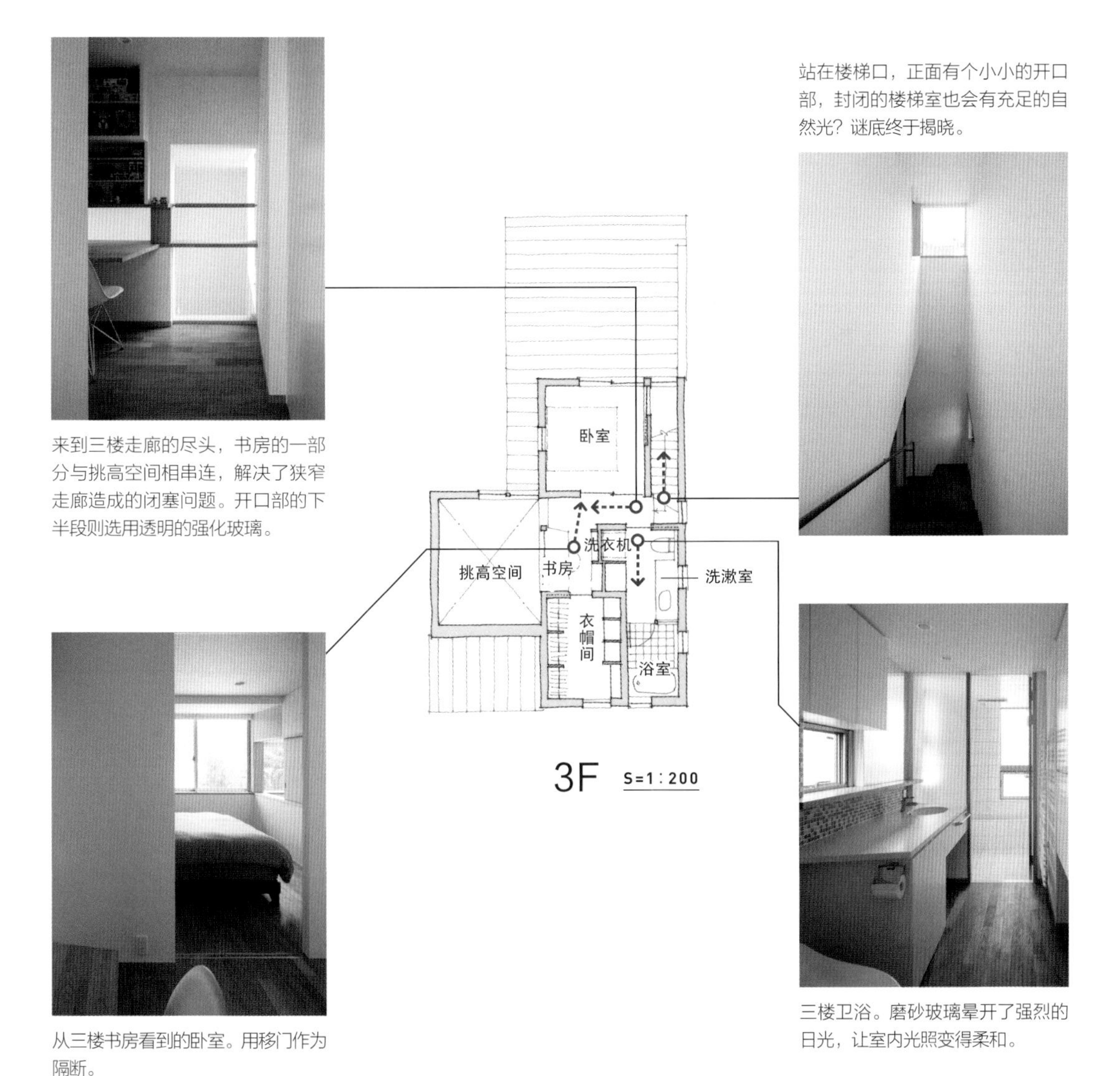

来到三楼走廊的尽头，书房的一部分与挑高空间相串连，解决了狭窄走廊造成的闭塞问题。开口部的下半段则选用透明的强化玻璃。

从三楼书房看到的卧室。用移门作为隔断。

站在楼梯口，正面有个小小的开口部，封闭的楼梯室也会有充足的自然光？谜底终于揭晓。

三楼卫浴。磨砂玻璃晕开了强烈的日光，让室内光照变得柔和。

从三楼书房看到位于挑高空间内的起居室。

082

串出各自『场景』的LDK

住宅中LDK的分布形式多种多样，这户人家的起居室与餐厅微妙错开，空间上却还是紧密相连。厨房的位置安排巧妙，在餐厅可以看到它的全貌，而在起居室仅能看到一小部分。这样既保持了独立，又产生若即若离的关系。不仅如此，各区域的天花板高度也是略做了变化。特别是起居室，它处于挑高空间，从三楼就能看到底下的状况。

起居室处在挑高空间，天花板自然就高了。而另一边餐厅就故意压低了天花板的高度，制造出两个不同的“场景”。

二楼餐厅。左手边是厨房深处的家事角。从右手边起居室的玻璃门可以看到路尽头的楼梯。

（左）二楼阳台与环绕建筑物的一楼露台有着上下串连的关系。
（右）从铺木露台看到一楼（父母生活区）起居室。二楼阳台是孩子们的生活区域，并与餐厅串连。

083

凝聚向心力的共享空间

建筑物的平面呈现『コ』字排布，铺木露台构成大面积中庭的一部分，并被二楼阳台环绕，由上而下的欣赏成为可能。尽管一、二楼分别是父母与孩子的生活区域，但借由中庭，可以观察到彼此动向，彼此照顾。这里也是向心力凝聚的场所，家庭成员共享此地，增进彼此间的感情。

阳台
卧室
露台
和室
S=1：200

一楼和室延伸出去便是铺木露台。露台的尽头是卧室，但又因为栽种绿植的关系，让面对面的房间产生了刚好的距离感。

楼梯室联络感情

走上户外楼梯，绕过圆柱，终于来到玄关。纤细的钢管扶手与混凝土楼梯给人以轻盈的印象。

084 户外楼梯小道

这栋盖在高出路面一米的占地之上的住宅，同时又受到占地面积、使用面积以及高度的限制，不得不把居室挪到地下层。说是地下，其实也就是利用与路面形成的高度差设计出的半地下层而已。大门门廊高出路面半个楼层，通过户外楼梯可以到达。类似这户人家的情况，设计出大大的门廊和户外楼梯，要经过一番『攀登』才能到达室内。

玄关
门廊

S=1：150

尾山台的家

家庭成员　夫妇+孩子2人
占地面积　118.28m²（35.78坪）
使用面积　126.01m²（38.12坪）
构造规模　钢筋水泥地下层+木造2层楼
施工单位　渡边富工程公司（负责人：四方洋）
设计师　滩部智子

外观为开放式设计的门廊，将主建筑包覆，再加入一部分的低矮墙壁，营造出温馨安稳的居住氛围。

二楼厨房。窗边高高的天花板设计是出于采光的考量，而厨房截然不同的低矮天花板则是为了营造做料理时需要的专注与安心环境。

餐厅背面是洗漱室，往里一隅是厕所。一处小小的天窗将自然光线带到这里。

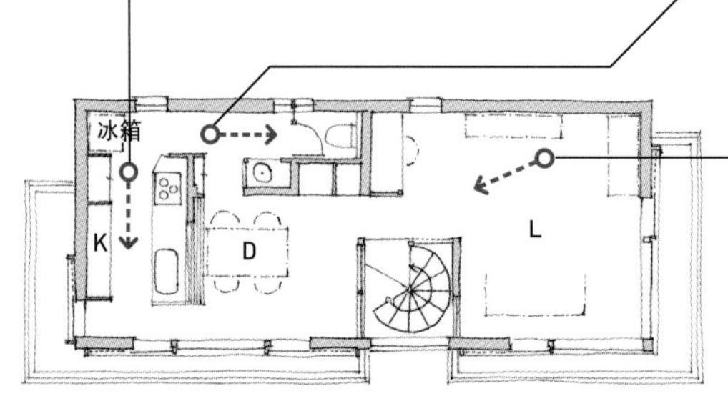

2F S=1：200

起居室与餐厅之间隔着楼梯室，再往里可以看到厨房。这条长长的视线轴让空间变得颇为宽敞。

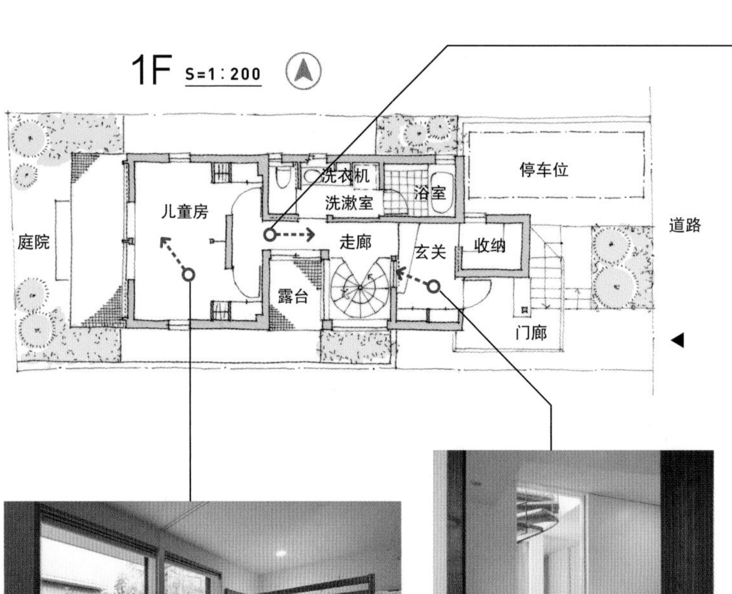

一楼走廊包括楼梯室都与露台串连，那里纳入的自然光线让闭塞感荡然无存。下雨天甚至还能在这里晾晒衣物。

儿童房以后可以变成两个房间，因此特意安装了两组窗户，以便以后分开使用。

隔门可以把玄关厅与走廊分开，即便关上它，旁边的固定玻璃窗也能清晰地看到楼梯室与走廊的状态。

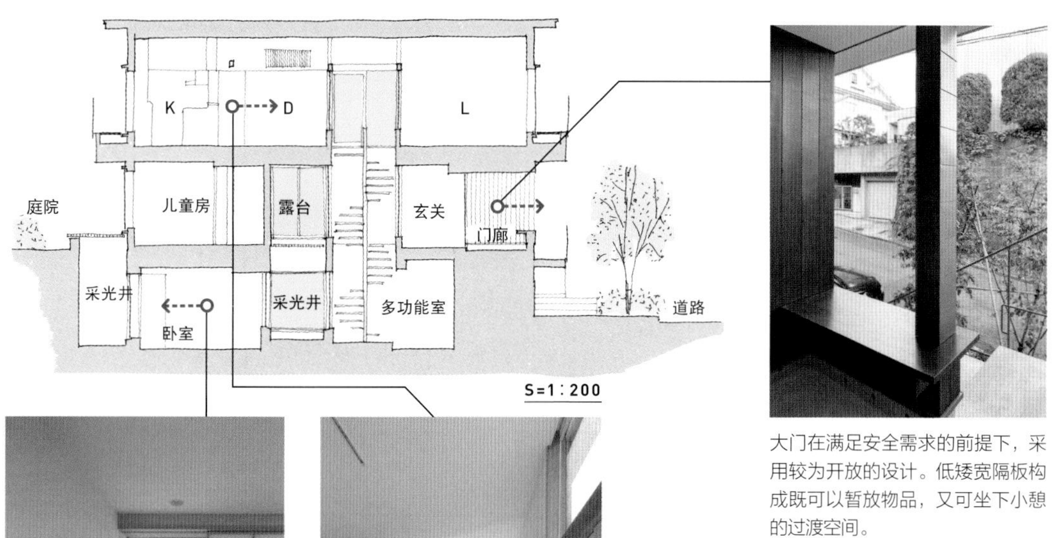

拉开移门，旁边就是采光井。柔和的自然光线由上至下洒落。

从餐厅越过楼梯可以看到起居室。因为墙壁与天花板相连，餐厅与起居室尽管彼此独立，空间上依然保持串连。

大门在满足安全需求的前提下，采用较为开放的设计。低矮宽隔板构成既可以暂放物品，又可坐下小憩的过渡空间。

地下卧室面对采光井而设，拉上格子移门，瞬间提升隔热性能。

卧室与多功能室之间隔着采光井，既是两个不同区域，空间上又连在一起。

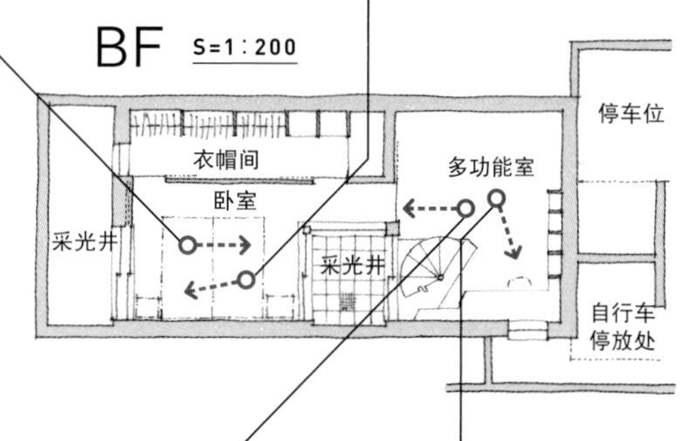

地下层的多功能室隔着采光井可以看到卧室。楼梯室将垂直空间表现得错综复杂，使地下层竟毫无闭塞之感。

走下旋转楼梯就来到多功能室。因为是半地下层，所以面朝外界开设了窗户。

略微高出地面的低矮窗台与露台同高，让室内产生安逸感。

085 倾斜天花板下的LDK

这栋住宅盖在东南开阔的倾斜地上，利用先天优势，我们就将LDK挪到二楼，并将天花板也顺势做出南高北低的倾斜角度，同时设计了大面积的开口部，可享受视野开阔的乐趣。特别是朝南的段窗，上半部分为高侧窗。选用上下分开的百叶窗，既能遮挡邻家视线，又能采集到充足的阳光。

L

露台

S=1：150

从起居室透过楼梯室可以看见餐厅以及更深远的窗口。尽管起居室与餐厅本属于两个空间，但也不失整体感。

站在厨房水槽前，被倾斜天花板包覆的二楼全景尽收眼底。正面一堵墙将起居室一部分隐藏在后，这样的做法反而令人产生遐想。

与邻家的交界地带面积虽小，但种上绿色植栽后，上下楼梯的行进间也能欣赏绿色带来的盎然生机。

086

贯穿三层楼的旋转楼梯

从地下层至三楼，我们选用最不占面积的旋转楼梯。纤细的铁扶手在强调上下串连的同时，也能满足光照与通风的需要，甚至在传达家人间的讯息等方面也都占有优势。为了最大限度地发挥效用，我们更是在建筑物南面设计了大面积的开口部，让贯穿上下的楼梯室成为一个阳光满溢的纵向通道。

L
洗漱室
走廊
多功能室
S=1：200

在中间楼层(一楼)看到的楼梯。楼梯室宛如一个阳光通道，将自然光线送往地下层。此外，玄关厅通过玻璃墙也与这里相连。

楼梯置中的双向路线

—大宫的家—

（左）铺木走廊因为矮墙壁的加入，形成三面包覆的局面。这里是庭院与室内的过渡空间，委婉促成了室内外空间的连接关系。
（右）隐藏到位的玄关以及二楼阳台间接产生的大门屋檐，让去往玄关的通道变得幽深。

087

恰到好处的绿植带

这栋住宅的南面紧挨道路，我们既想把停车位安排在靠路边一侧，又想让建筑物朝南的外观完美展现。于是，我们将停车位设计得与道路平行，并在它与建筑物之间设计出一个小而丰富的绿色庭院。这块占地原本就高出路面些许，利用这个高低差，同时控制围墙的高度，让院内的绿色植物尽可能多地呈现给外界。这样的设计产生了较为亲密的内外关系。

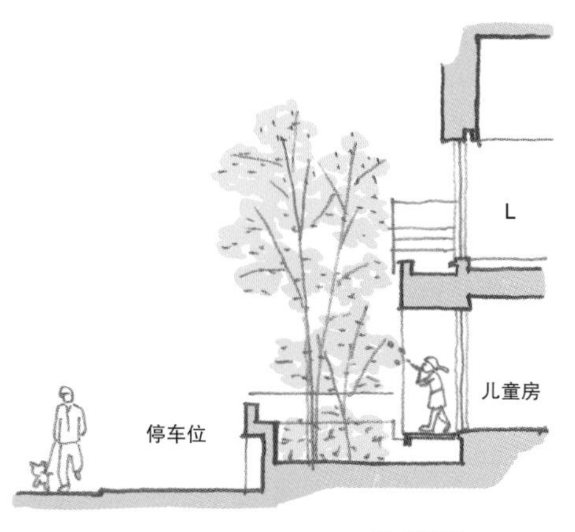

大宫的家

家庭成员　夫妇 + 孩子 2 人
占地面积　116.99m^2（35.39 坪）
使用面积　93.06m^2（28.15 坪）
构造规模　2 层楼木造结构
施工单位　内田产业（负责人：桥本太郎）
设计师　三平奏子

绿色植物的存在把建筑物曝露得刚刚好。水泥外墙高低错落，正好与煤气表箱组成别具一格的画面。

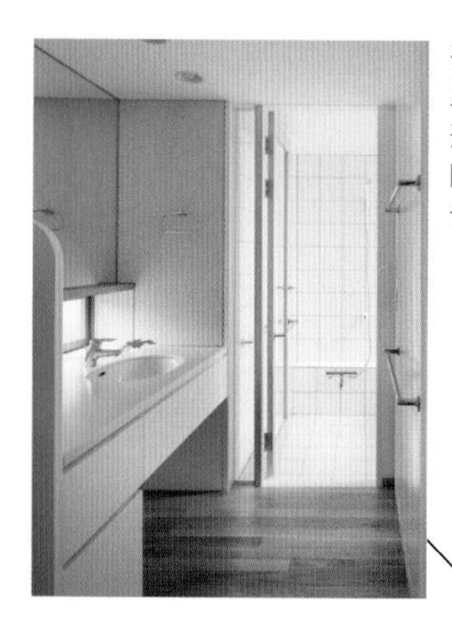

在走廊看到洗漱室与更往里的浴室。浴室面朝坪庭开设了大面积的观景窗，阳光通过这里进入洗漱室，让室内变得明亮。

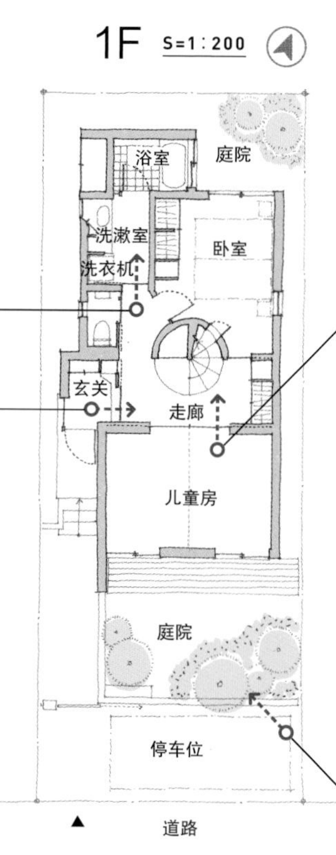

从玄关看到的楼梯室兼走廊区域。关上所有房门后，洒落楼梯室的日光把这里照得格外亮眼。

从儿童房看到的楼梯室和更里面的卧室（上图）。下图为关上房门，打开景观小窗的样貌。

越过庭院，从停车位看到的建筑外观。特别是从一楼窗户漏出的灯光，经过铺木走廊、矮墙壁、屋檐的反射后，柔和地照射着满园的绿色植物。

从二楼往下看到的楼梯室，以及与走廊相连的儿童房。走廊与儿童房之间可以通过房门隔断。

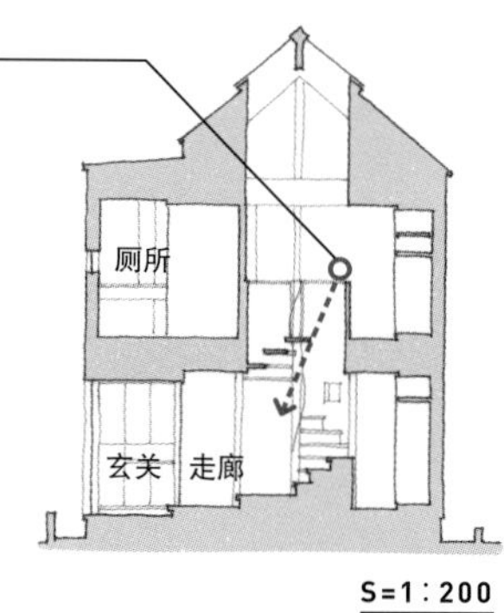

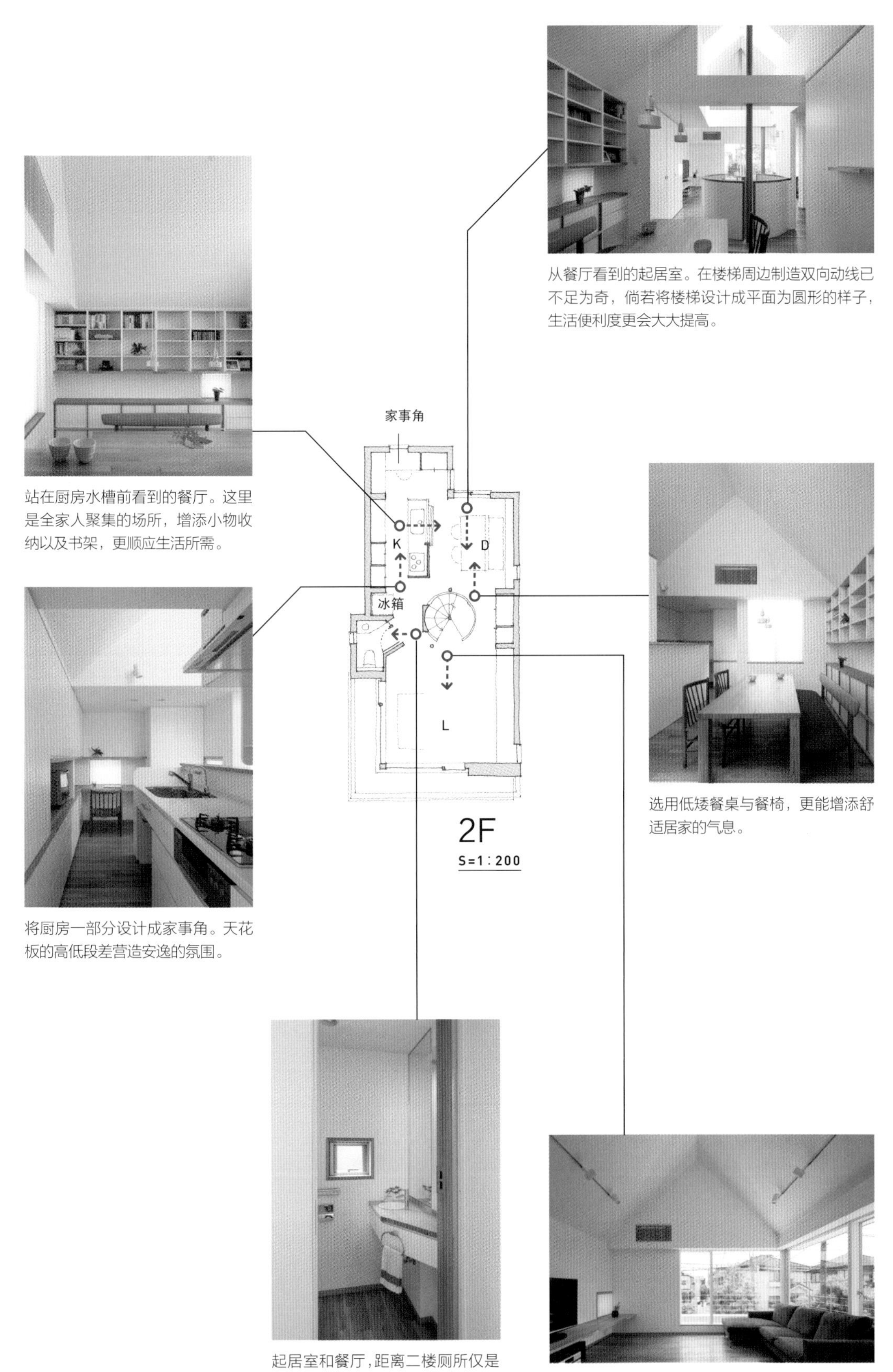

站在厨房水槽前看到的餐厅。这里是全家人聚集的场所，增添小物收纳以及书架，更顺应生活所需。

将厨房一部分设计成家事角。天花板的高低段差营造安逸的氛围。

从餐厅看到的起居室。在楼梯周边制造双向动线已不足为奇，倘若将楼梯设计成平面为圆形的样子，生活便利度更会大大提高。

选用低矮餐桌与餐椅，更能增添舒适居家的气息。

起居室和餐厅，距离二楼厕所仅是一步之遥。此外，为了方便来客，还设计出一处小小的洗漱角。

三角天花板所制造的包覆感以及室外景观的开阔感，在起居室可以同时体验到两种截然不同的感受。

（左）厨房对于餐厅而言完全敞开，视线甚至还能畅通无阻地到达起居室。
（右）在起居室一侧看到的餐厅。眼前的楼梯将另一头的餐厅围绕，程度拿捏得恰到好处。

088

楼梯隔出『两世界』

二楼起居室与餐厅被楼梯室成功分隔，形成相对独立的区域，却又被三角天花板归入同一空间。作为构成空间重要因素的顶梁柱，撑起整个区域。同时，在三角天花板上开设天窗，为包括楼梯在内的各区域送去光亮。我们再将目光转向生活动线，起居室与餐厅及厨房的两组动线都是以楼梯为中心的。

S=1：150

隔着楼梯，从餐厅就可以看到起居室。尽管被包覆，三角天花板又让餐厅与起居室，甚至外界产生联系，视线一路延伸。

楼梯是双向动线的中心，顶上的天窗将日光纳入，柔和地落在周围墙壁上。

（左）来自卧室窗户的光与来自楼梯室天窗的光，两种不同的光束造就了紧邻空间不同的视觉感受。（右）一扇移门隔出玄关和走廊。拉开移门，阳光便从玄关溜进室内。

089

异光束交织成的空间

一楼是整个住宅的中心，走廊兼楼梯室的区域可以直通各个房间。虽然楼梯室没有对外窗口，可是只要进入任何一间房间，就能从各自的窗户看到绿植，并感受到阳光的温暖。除此之外，日光通过二楼天窗进入室内，又经墙壁反射，最终柔和地落在室内。不同质感，且对比强烈的光束，交错着充盈了整个室内空间。

玄关
楼梯室兼走廊
S=1：150

从走廊看到的卧室。内庭院的绿色植物与柔和的日照光，使室内变得温暖且明亮。

被绿色围绕的幽静生活

—八之岳的小屋—

门廊处低矮幽深的屋檐，让这里成为一处安逸随性的过渡空间。

090

被绿植环绕的宁谧之美

这座小别墅盖在标高千米的八之岳山脚，可以享受四季变化的不同乐趣。由于占地面积较大，可以种上春的新绿、秋的红叶，整个建筑物被不同季节的代表性植物围绕，特别是到了夏天，建筑物就伫立于一片浓郁深邃的绿色之中，宁谧庄重。周围是高大的针叶林，脚边有低矮的广叶树。与大自然亲密接触，享受城市中罕有的惬意，成为这里最大的亮点。

S=1：150

八之岳的小屋

家庭成员	夫妇＋孩子2人
占地面积	1190.05m^2（360坪）
使用面积	79.34m^2（24坪）
构造规模	2层楼木造结构
施工单位	FUJIMI工程公司（负责人：小林昭浩）

沿着融入绿色世界的玄关小径，走过坡度极缓的台阶，终于来到玄关。脚下是历经岁月锤炼的枕木阶梯。

建筑物周围种植了各类绿植，
而步道就隐藏其中。

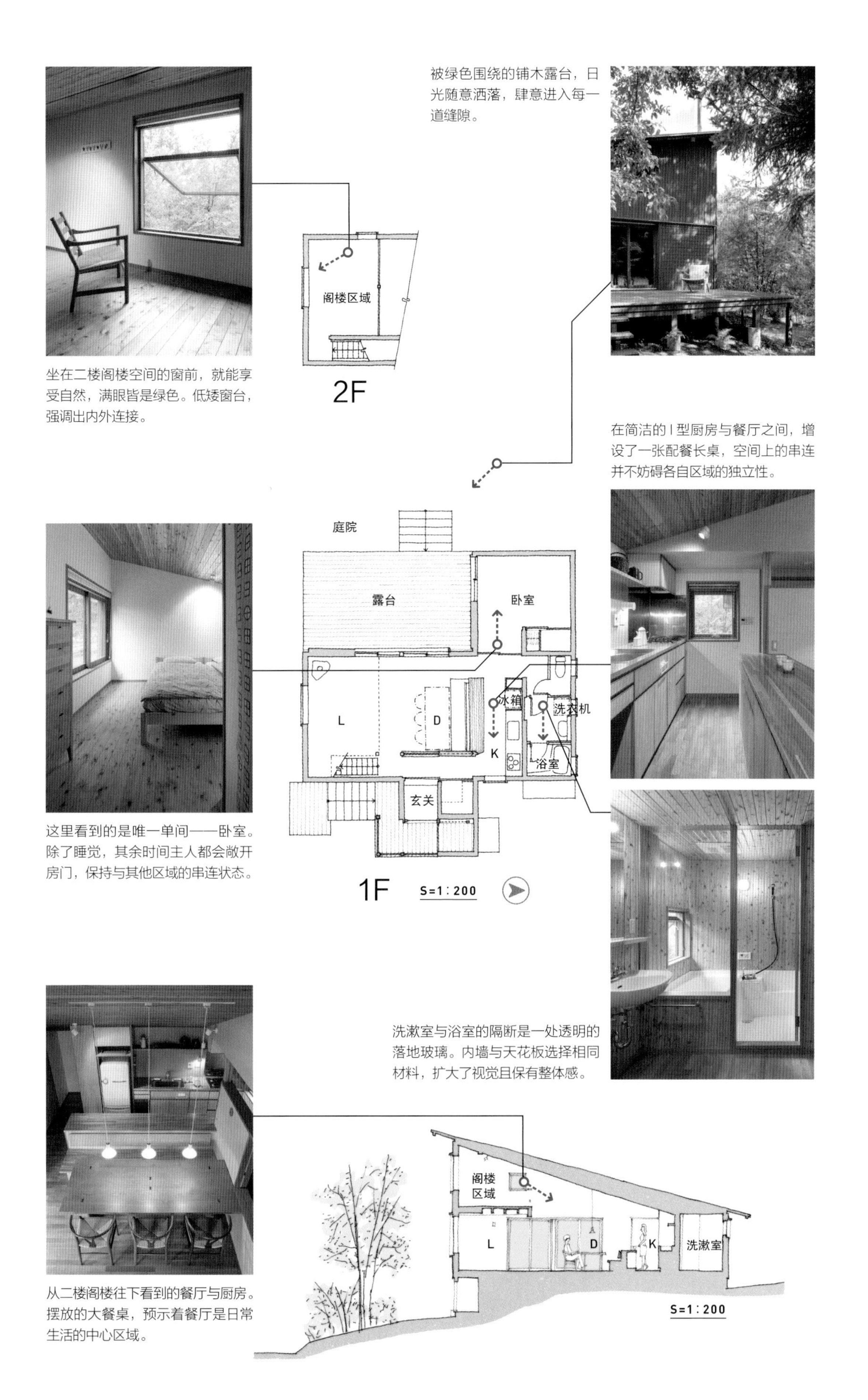

坐在二楼阁楼空间的窗前，就能享受自然，满眼皆是绿色。低矮窗台，强调出内外连接。

被绿色围绕的铺木露台，日光随意洒落，肆意进入每一道缝隙。

在简洁的 I 型厨房与餐厅之间，增设了一张配餐长桌，空间上的串连并不妨碍各自区域的独立性。

这里看到的是唯一单间——卧室。除了睡觉，其余时间主人都会敞开房门，保持与其他区域的串连状态。

洗漱室与浴室的隔断是一处透明的落地玻璃。内墙与天花板选择相同材料，扩大了视觉且保有整体感。

从二楼阁楼往下看到的餐厅与厨房。摆放的大餐桌，预示着餐厅是日常生活的中心区域。

略高于庭院地面的铺木露台，能跳脱周围的环境，品味无拘束的开放式空间。

裸露龙骨的天花板设计。压低天花板高度，营造空间舒适感。

091

连接内外的开口部

作为周末住宅来打造的建筑，除了一间卧室，基本上就是一个大通间的格局。这里的开口部不只是为了实现室内外的连接，更以借取美景为出发点，考虑窗户的大小及位置。出则享受室外开阔感，入则品味室内安逸感，这是我们特别想显现的两个强烈对比。在拥抱自然的同时，也备受大自然的呵护，这才是我们所追求的那份安逸与舒适。

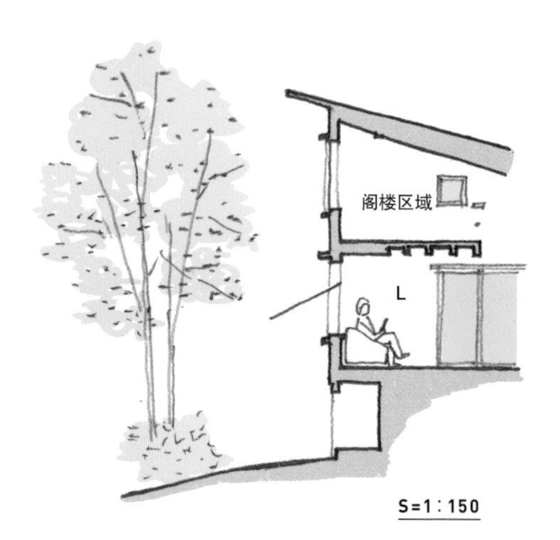

面朝室外的正方形大面积推窗，
加强了与外界的整体感。

以餐桌为中心，将起居室与厨房划分开。斜顶天花板完成了与阁楼成为同一空间的使命。

多元化的微型住宅
—千駄木的家Ⅱ—

（左）越过窗户，从楼梯室可以看到作为聚光空间的露台区域。由于被木栅栏围住，不至于一眼就被外界看透。
（右）利用玄关厅与楼梯室之间的空闲地，制造一处小面积的聚光空间。

露台
道路
采光井
S=1：200

092

善用占地的残留空间

在市中心，多的是狭窄占地。可是谁说迷你地形就一定与舒适无缘呢？这里要介绍给大家的就是一例翻新改造，14坪占地的三口之家，虽然没法拥有庭院是不争的事实，但由于受到建筑密度的限制，一定会在哪里产生残留的空闲地，拿来作为聚光空间，把日照光传递到各个楼层。

千馱木的家 II

家庭成员　夫妇 + 孩子 1 人
占地面积　46.05m² (13.93 坪)
使用面积　100.33m² (30.35 坪)
构造规模　钢筋水泥地下层 +3 层楼钢骨结构
施工单位　滝新 (负责人：田村 修)
设计师　滩部智子、福田关

一块不可思议的占地，前面的道路竟被划入神社境内，家门口就有一个大鸟居。

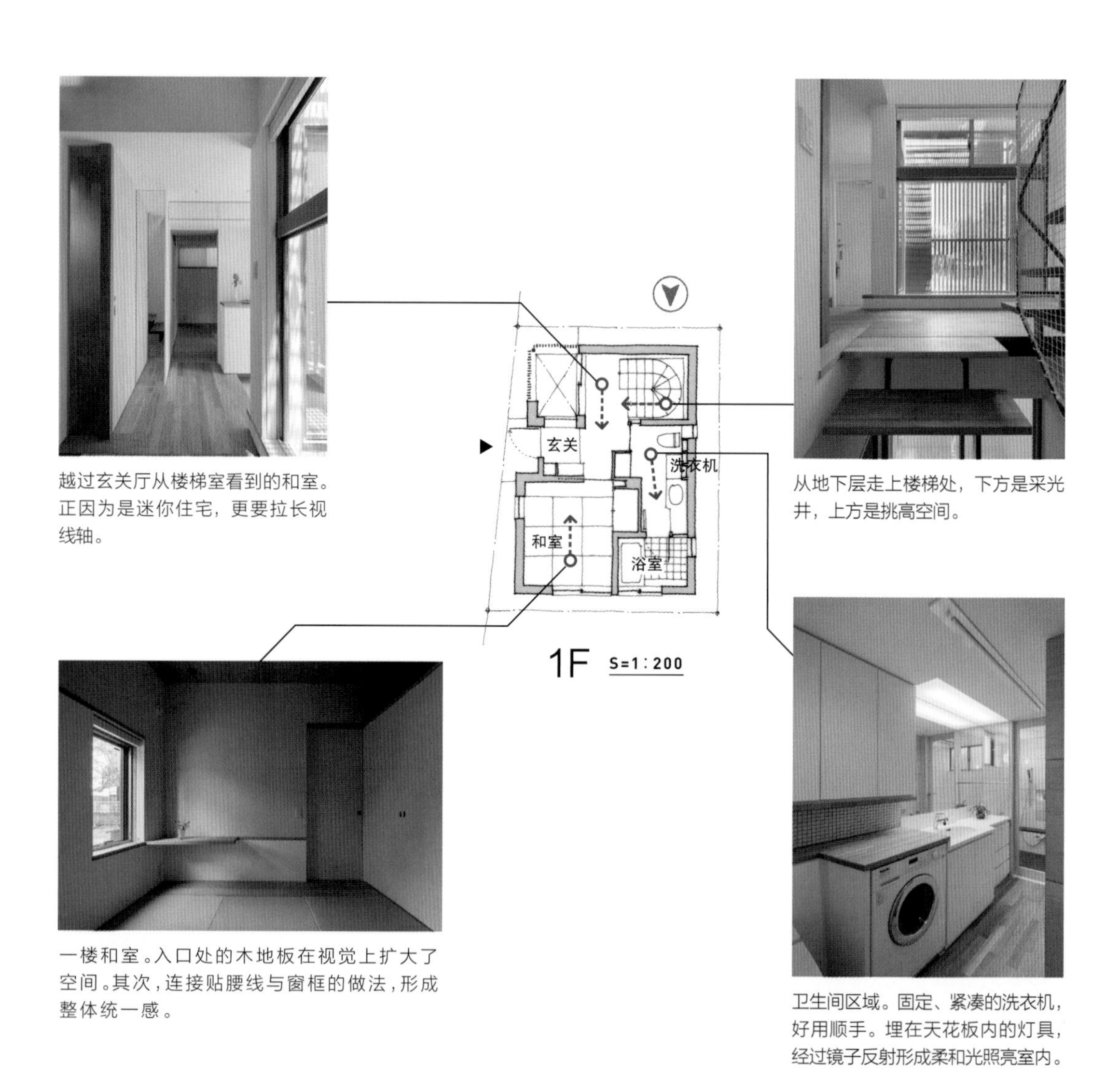

越过玄关厅从楼梯室看到的和室。正因为是迷你住宅，更要拉长视线轴。

从地下层走上楼梯处，下方是采光井，上方是挑高空间。

一楼和室。入口处的木地板在视觉上扩大了空间。其次，连接贴腰线与窗框的做法，形成整体统一感。

卫生间区域。固定、紧凑的洗衣机，好用顺手。埋在天花板内的灯具，经过镜子反射形成柔和光照亮室内。

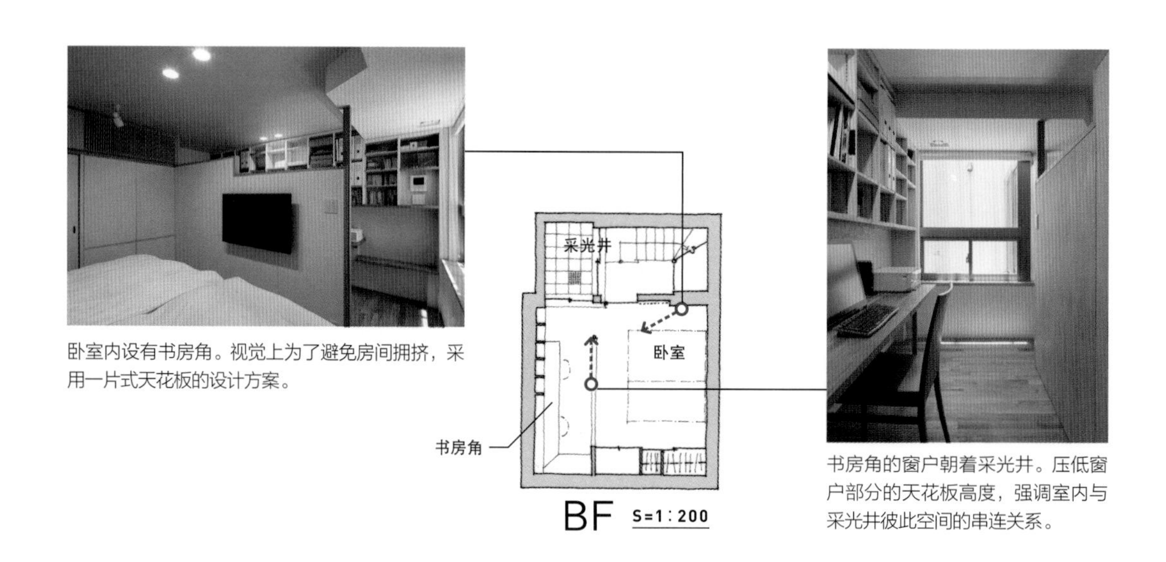

卧室内设有书房角。视觉上为了避免房间拥挤，采用一片式天花板的设计方案。

书房角的窗户朝着采光井。压低窗户部分的天花板高度，强调室内与采光井彼此空间的串连关系。

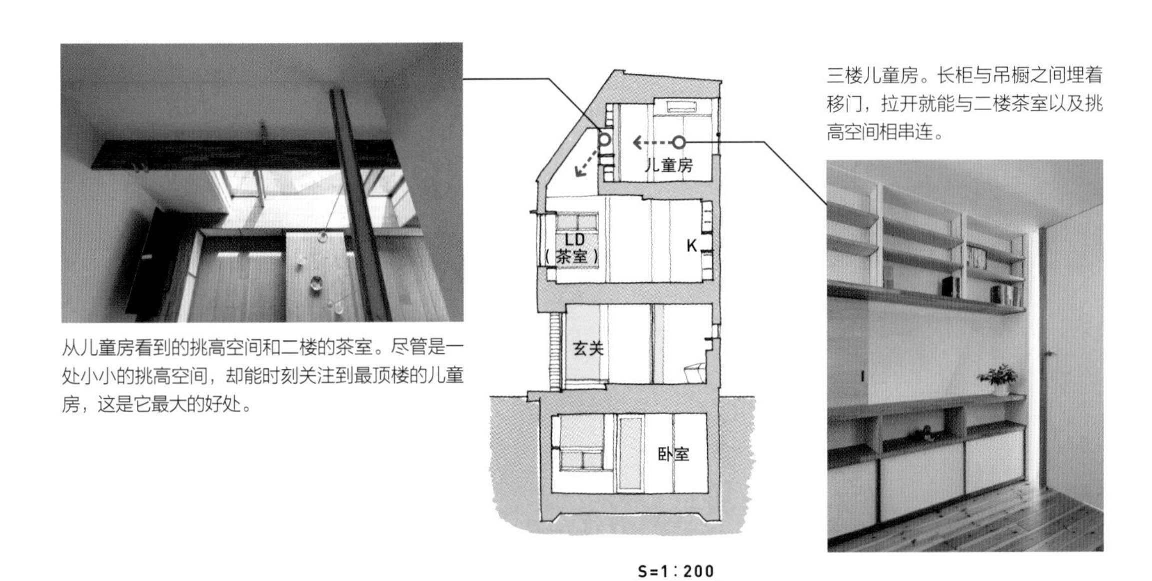

从儿童房看到的挑高空间和二楼的茶室。尽管是一处小小的挑高空间，却能时刻关注到最顶楼的儿童房，这是它最大的好处。

三楼儿童房。长柜与吊橱之间埋着移门，拉开就能与二楼茶室以及挑高空间相串连。

3F S=1：200

阳台

儿童房

从儿童房看楼梯室方向。朝南大窗户让三楼变得舒适惬意。

三楼厕所。虽然设计紧凑，但镜子、洗手池、收纳，一样不少。

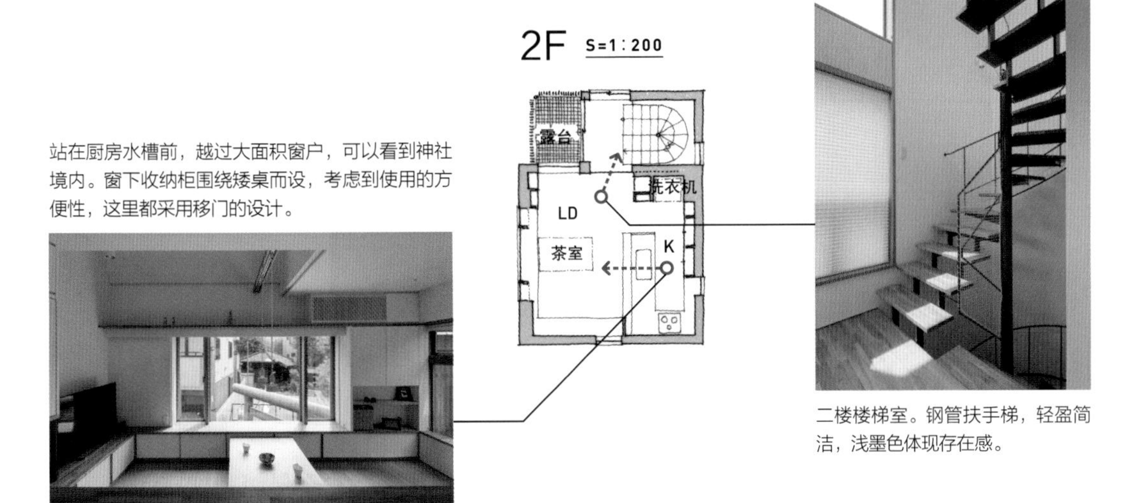

站在厨房水槽前，越过大面积窗户，可以看到神社境内。窗下收纳柜围绕矮桌而设，考虑到使用的方便性，这里都采用移门的设计。

二楼楼梯室。钢管扶手梯，轻盈简洁，浅墨色体现存在感。

左手一排吧台隐藏了厨房，让茶室区域显得独立沉稳。

093

竟然是茶室

很多时候，微型占地盖成的住宅，都会采用一个楼面一种用途的设计方案。而这户人家的二楼，原本想打造成具有LDK功能的空间，可是安排完厨房就只能再多放一张餐桌。遇到这种情况，还不如借鉴一下以前的茶室，反而更实用。矮桌除了可供一家人用餐，还有其他很多功能。周围再设计成整排的收纳柜，随手可取的距离，方便实用。这个茶室面积虽小，却也起到丰富空间的作用。

儿童房
K
茶室
S=1：150

茶室对面就是楼梯室，拉开移门就能感受到来自南面的日照光线。

仅比矮桌高出 6cm 的低矮窗台，视觉上压低了房间的重心，营造安稳氛围。

隔断墙虽然把卧室与书房隔开，但天花板依然连接，完全消除了闭塞感。

094

地下室的关键——采光井

在微型占地上盖建住宅，很多时候不得不产生地下室。这户人家把卧室和书房安排在地下。要保证采光，保持较好的通风，就需要采光井的加入。作为共有空间的采光井，它的位置决定了地下每个房间以及楼梯室能否成为各自独立的空间。此外，如果把卧室入口安排在采光井的隔壁，只要配上移门，就能保证各个空间的串连。

道路
采光井
书房角
S=1：100

有了采光井，即便是地下室也能拥有日照光，狭小闭塞感荡然无存。

用露台与挑高空间连接而成的家

—久之原的家—

被绿植围绕的露台

095

若隐若现的露台庭院

这里是一处盖建在旗杆形占地上的住宅，入口还在南侧。这类占地，除非先天面积较大，不然，南面庭院与玄关小径的排布很容易起冲突。生活中要把这两块性质迥异的区域放在一起的话，一定要注意不能硬来。这户人家的铺木露台与靠南的房间，形成连续不间断的连接形式，并且还有遮挡视线的隔断墙介入。相对于玄关小径，露台若隐若现，但却间接串连。

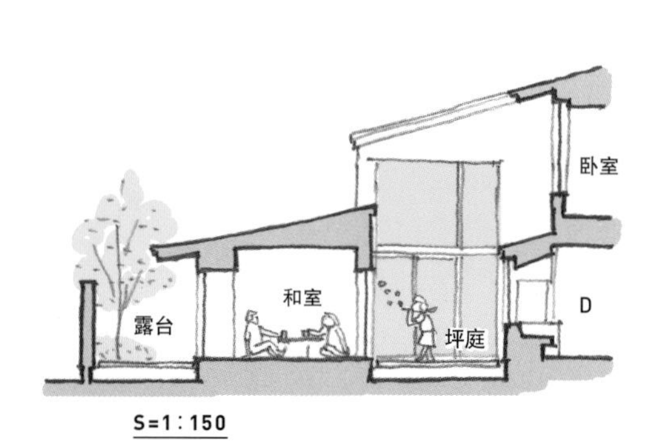

久之原的家 II

家庭成员	夫妇 + 孩子 2 人
占地面积	203.80m^2（61.65 坪）
使用面积	137.00m^2（41.44 坪）
结构规模	2 层楼木造结构
施工单位	内田产业（负责人：黑柳崇）
设计师	渡边纱代

南面的铺木露台与起居室相连。
面朝楼上阳台的是儿童房。

旗杆形占地的住宅。在杆状道路的部分，可以远远望见建筑物。阻挡视线的隔墙那头，是与起居室相连的露台。

起居室、餐厅、厨房在对角线上展开，制造出宽敞的视觉效果。

从洗漱室一侧看到的厨房。考虑到家事动线，就把卫浴和厨房安排在相邻位置。

铺木露台被墙壁与隔墙围绕，一到夜晚，灯光闪烁，与室内的连接关系变得呼之欲出。

▼ 道路

停车位

1F S=1：200

玄关
玄关收纳
浴室
洗漱室
洗衣机
冰箱
露台
L
D
K
和室
露台
露台
坪庭

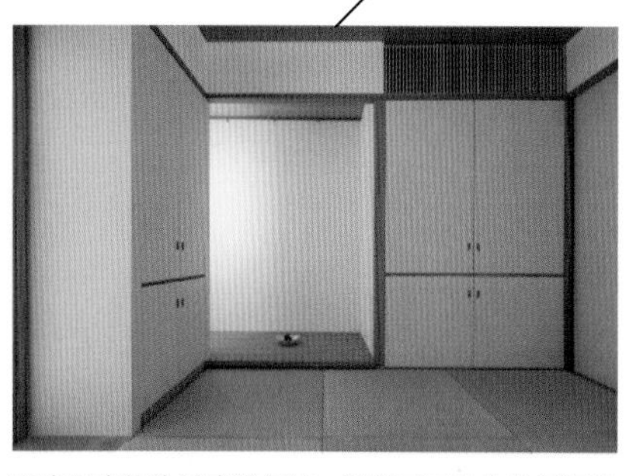

和室是专门为访客准备的，设置了不少收放被褥的收纳柜，不经意间就打造成了床间的效果。

在起居室与餐厅的整体大空间里，加入沙发椅、楼梯等细节元素，增添了生活情趣。

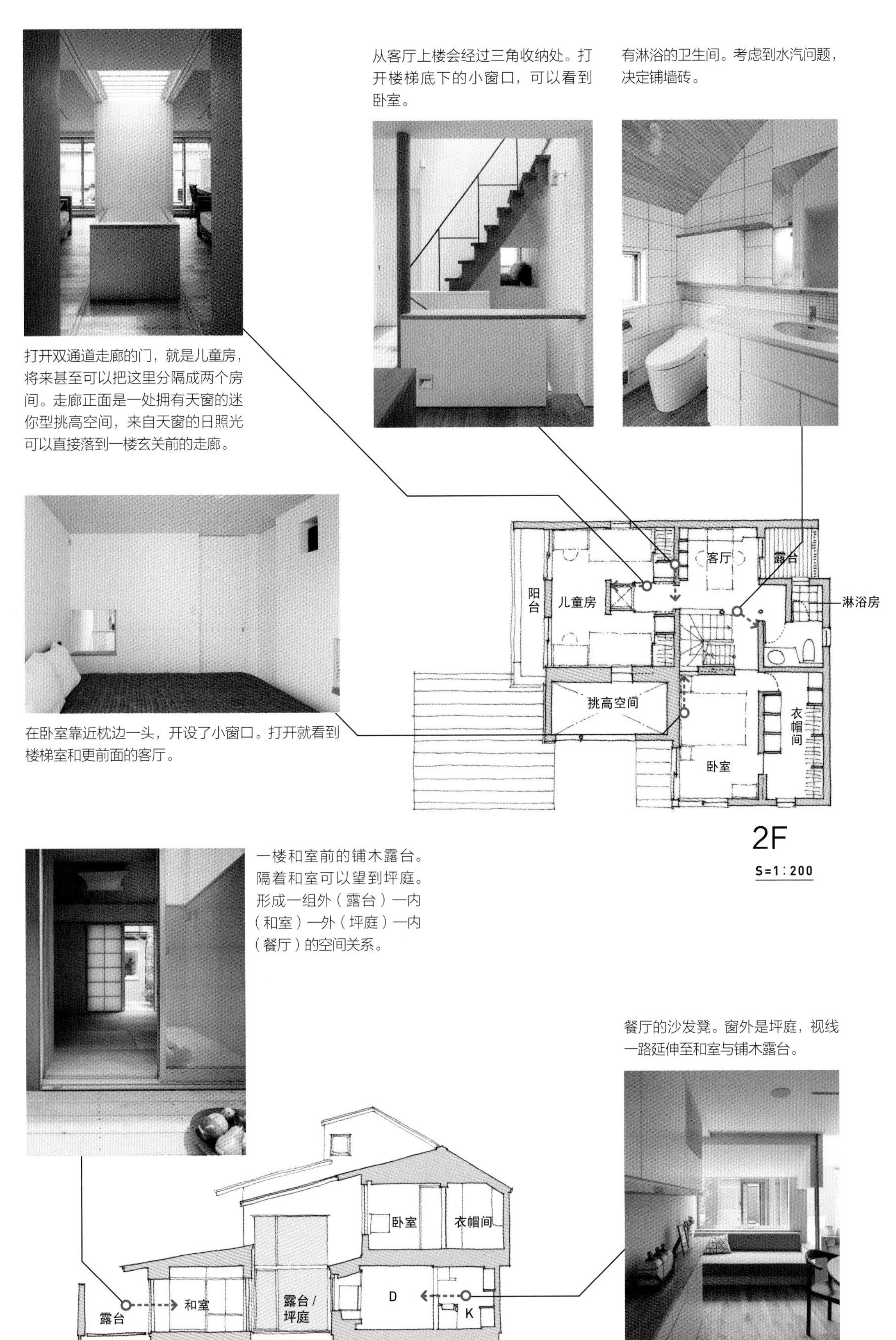

从客厅上楼会经过三角收纳处。打开楼梯底下的小窗口，可以看到卧室。

有淋浴的卫生间。考虑到水汽问题，决定铺墙砖。

打开双通道走廊的门，就是儿童房，将来甚至可以把这里分隔成两个房间。走廊正面是一处拥有天窗的迷你型挑高空间，来自天窗的日照光可以直接落到一楼玄关前的走廊。

在卧室靠近枕边一头，开设了小窗口。打开就看到楼梯室和更前面的客厅。

一楼和室前的铺木露台。隔着和室可以望到坪庭。形成一组外（露台）—内（和室）—外（坪庭）—内（餐厅）的空间关系。

餐厅的沙发凳。窗外是坪庭，视线一路延伸至和室与铺木露台。

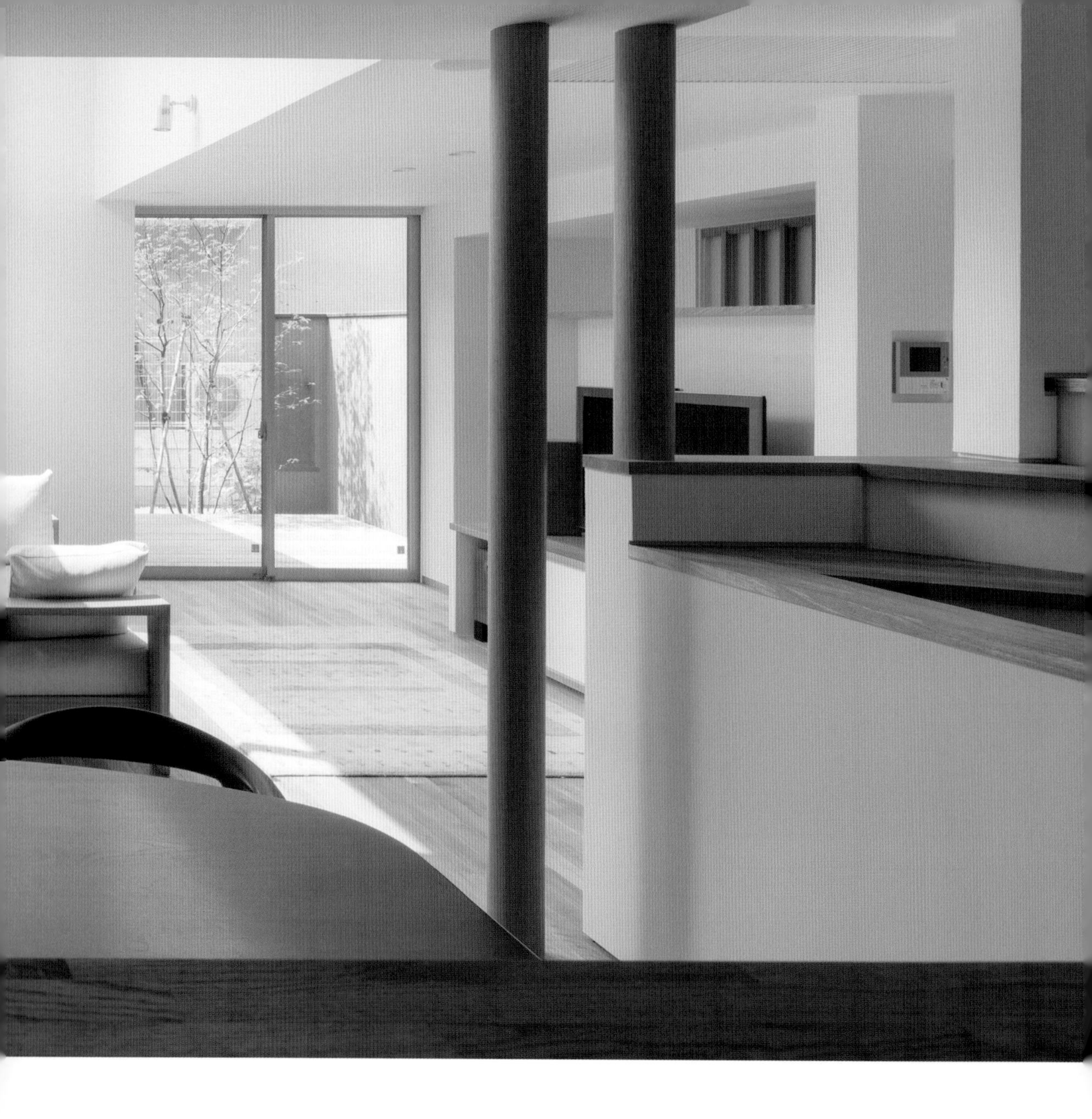

096

分散庭院

但凡占地宽裕一些，都会想在南面盖上一个大大的庭院。这户人家已经把大门安排在南面，所以没办法再建庭院。于是，在占地南面零星安排几处类似庭院的外部空间，试着在视觉上形成内外统一。在一楼起居室和餐厅的外面，插入坪庭和露台，完成室内外统一的设计效果。

站在厨房，可以看到餐厅与起居室外、坪庭与露台之间的绿色植物。整体宽裕的空间，加入几处坪庭的点缀，达到空间延伸的效果。

S=1：150

（左）墙壁被挖去一大块，就可以清晰地看到餐厅，从而拉近与起居室及餐厅的距离。
（右）沙发凳周边的天花板故意压得很低，加上精心设计的窗户，让这里变成安心一角。

097

令人心安的小天地

家里如果多一些随遇而安的场所，可以为生活增添色彩。这户人家的沙发凳就设在与起居室及餐厅并无多大关系的一角。吃完饭，可以在这里随意翻阅杂志，甚至无所事事，度过轻松片刻。为了避免被孤立的感觉，沙发凳的周边设计倒是费了不少小心思。

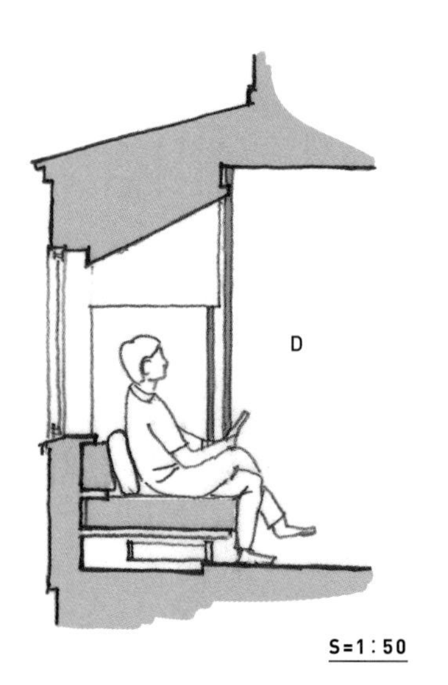

图上是起居室的沙发。与餐厅的沙发凳不同，这里是全家人汇聚的地方。

二楼卫生间的玻璃墙，建立与楼梯室的连接关系。同样地，光线也传递到了这里。

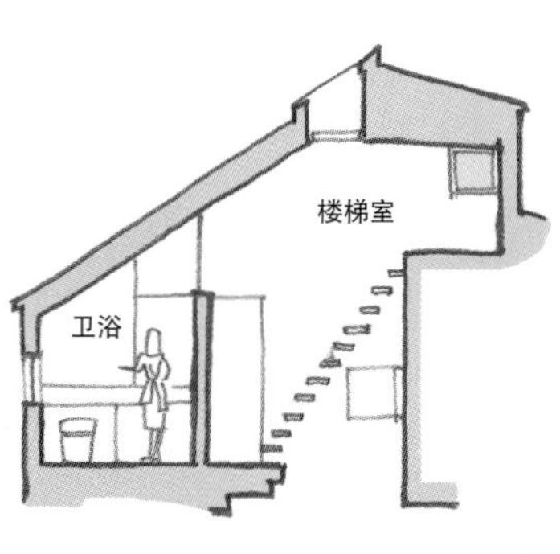

098

来自楼梯室的光线

楼梯室是产生纵向串连的唯一空间。只需开设天窗就可以纳入充足的日照光。光线若局限在楼梯室未免可惜，这户人家把楼梯室安排在住宅的中心位置，因此围绕此处的其他区域都能分享到日光。

楼梯室上方开设天窗。日照光从天窗进入室内，让楼梯室变得明亮，同时光线经反射传递到隔壁房间。

享受自然的家

—轻井泽的别墅—

099

融入自然

整片占地背靠葱郁树木丛，处于南北走向的缓坡上。为了保留被绿色环拥、踏实安逸的氛围，我们索性设计成平屋，甚至让屋檐的角度也顺应斜坡走向。

也是由于平屋的特点，所有房间都直接面朝且可以自由进入庭院，通过铺木露台，让建筑与庭院融为一体，充分享受大自然的乐趣。

轻井泽的别墅

家庭成员	夫妇＋孩子 1 人
占地面积	1020.80m^2（308.8 坪）
使用面积	120.43m^2（36.43 坪）
构造规模	1 层楼木造结构
施工单位	新津组（负责人：山口刚）
设计师	滩部智子

被树木围绕的建筑物，伫立于庭院之中，
庄重而宁静。

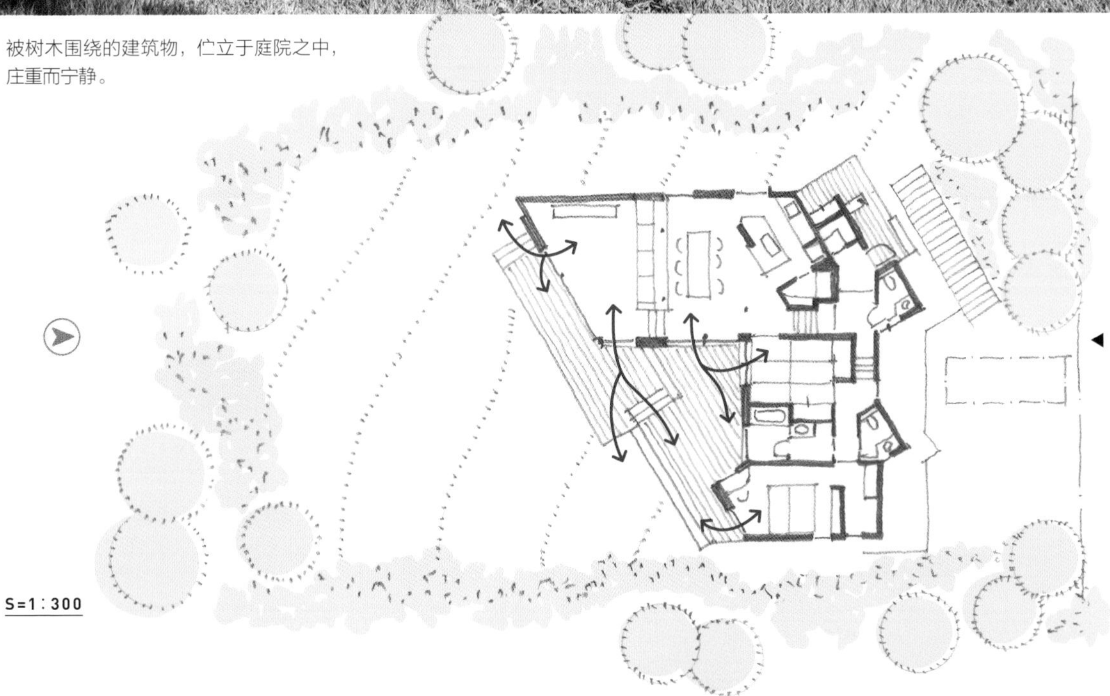

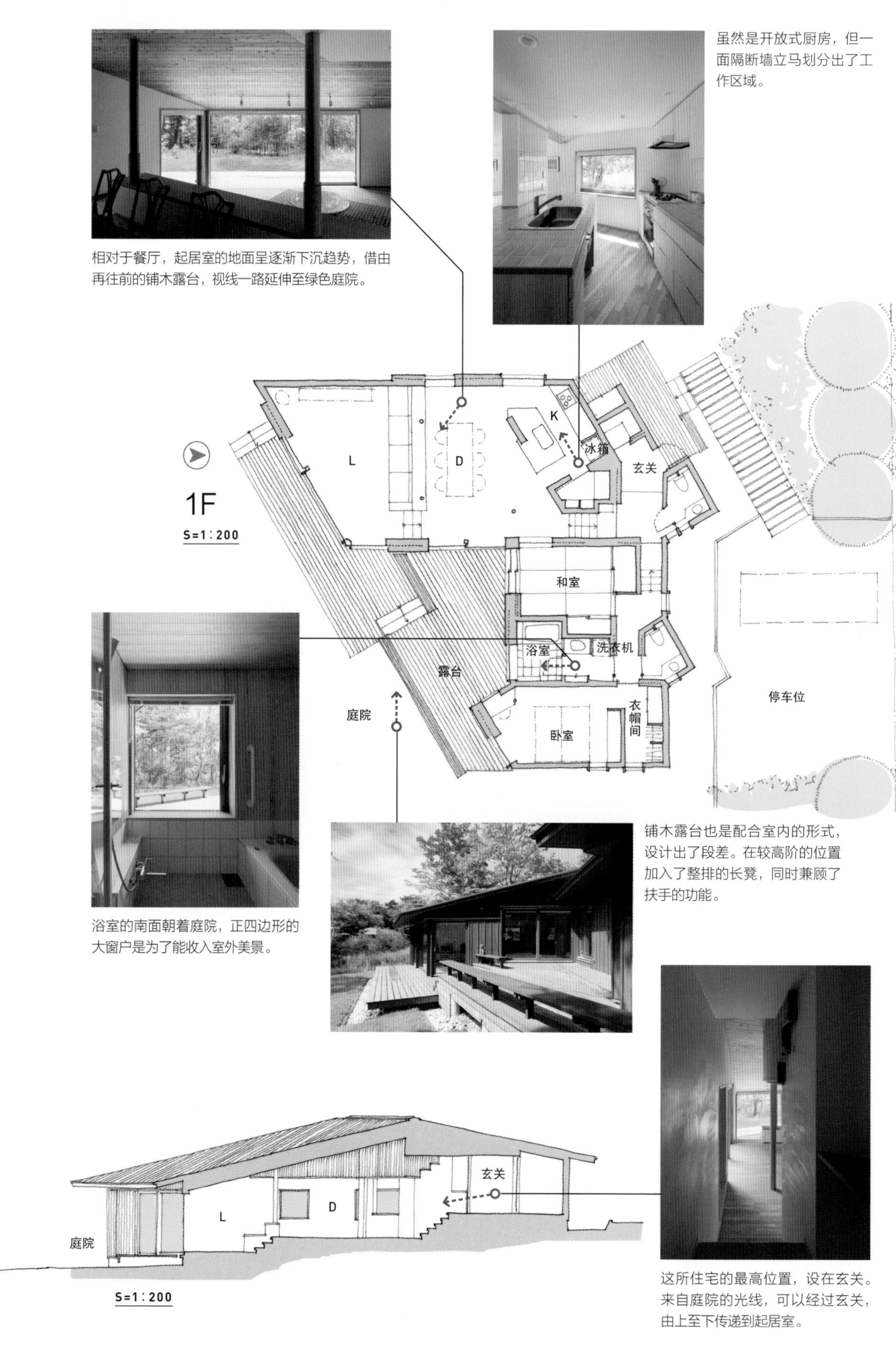

相对于餐厅，起居室的地面呈逐渐下沉趋势，借由再往前的铺木露台，视线一路延伸至绿色庭院。

虽然是开放式厨房，但一面隔断墙立马划分出了工作区域。

浴室的南面朝着庭院，正四边形的大窗户是为了能收入室外美景。

铺木露台也是配合室内的形式，设计出了段差。在较高阶的位置加入了整排的长凳，同时兼顾了扶手的功能。

这所住宅的最高位置，设在玄关。来自庭院的光线，可以经过玄关，由上至下传递到起居室。

从庭院看到的室内，构成了一幅黄昏美景。配合占地原有的坡度，设计出室内平面的高度差。

从地势最低的起居室，走上几个台阶来到餐厅，越往里，地势越高，接着便来到连接玄关的走廊。

100 高度差划分区域

住宅中LD是聚集人气的地方，所以要确保这里的空间大小。话虽如此，如果没有客人到访，平时也就几个固定成员。于是，我们试着将LD这个大空间划分出若干区域。制造区域的方法很多，这里是利用固有缓坡形成的地势差，配合倾斜角度，设计出室内地面的段差，从而制造出高低不同的生活区域。

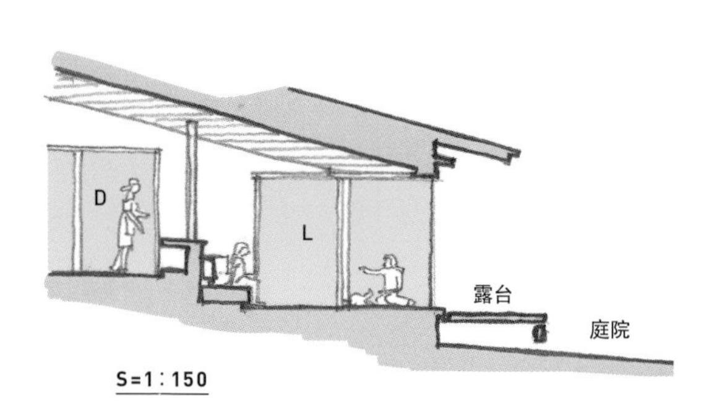

从餐厅下几个台阶，就能看到起居室。最靠右手边的收纳柜底下有一个固定沙发，只不过无法从餐厅的角度看到它而已。

起居室中的固定沙发，面朝庭院而设。坐在这里欣赏院景，甚至会产生“是不是在室外”的错觉。

从和室看到的厨房。厨房窗户的位置，取决于能否从和室看到外界的绿色植物。

（右页左上）站在玄关厅，视线一度略微下沉，随即延伸至庭院。
（右上）站在洗漱室，透过浴室就能看到外面庭院的绿色。此外，来自南面的自然光线，经过洗漱室，柔和地进入室内。
（左下）从走廊上几个台阶便来到玄关厅。只要打开玄关门，视线就能顺着绿色的引领一路延伸。
（右下）卧室中，面朝庭院方向，开设了几处大小不同的窗户，视觉角度的改变，造成与庭院关系的多样性。

101 通向大自然的窗口

既然是别墅，我们就会更希望融入自然。比如，拥有室外庭院，或在树林丛中举行BBQ派对……总而言之，别墅就是一个享受天然氧吧、与绿植亲密接触的地方。

然而，在室内就能享受到自然的设计方案同样也是重要的。大面积开口部必然能揽入更多的外景，若在不经意就能瞥到室外的地方开设小窗口，同样能借到景色。这些都是与大自然产生联系的方法。

Afterword
后记

比例与舒适度的关系

我们每个人的生活方式千差万别，有人讲究，有人则不。到底哪些才是正确的态度，其实并没有十分客观的评判标准。好住舒服的住宅，无非取决于主人的个人偏好。如果再深一步探讨的话，设计师在充分了解主人意图之后，具体实现过程中，某种程度上其实也加入了自己的偏爱与设计理念。

这里所介绍的101条住宅理论，也是汲取自本人成立工作室Bleistift后，近三十年设计生涯中的一部分住宅实例。

在设计住宅的过程中，所遇到的每一个生活场所中的每一处尺寸（大小及宽窄），都直接影响空间比例。正如『前言』中所提到的，只有满足每一个要件才会有『住宅』，而住宅的比例，又直接影响到舒适度。出于这一层的考量，我才选出这101组十分能体现空间氛围以及整体比例的『场景』。

借此机会，我要感谢本书从策划到出版的过程中，长期给予我帮助的三轮浩之先生，以及摄影师富田治先生、大泽诚一先生、石井雅义先生，感谢你们的辛勤付出。

平成二十七年六月

本间至

图书在版编目（CIP）数据

舒适住宅理论 /（日）本间至著；董方译. —北京：中国友谊出版公司，2019.1

ISBN 978-7-5057-4565-0

Ⅰ. ①舒… Ⅱ. ①本… ②董… Ⅲ. ①住宅-室内装饰设计 Ⅳ. ①TU241

中国版本图书馆 CIP 数据核字（2018）第 274868 号

著作权合同登记号 图字：01-2019-0251

书名 舒适住宅理论
作者 ［日］本间至
译者 董 方
出版 中国友谊出版公司
发行 中国友谊出版公司
经销 新华书店
印刷 北京中科印刷有限公司
规格 787×1092 毫米 16 开
16印张 100 千字
版次 2019 年 4 月第 1 版
印次 2019 年 4 月第 1 次印刷
书号 ISBN 978-7-5057-4565-0
定价 88.00元
地址 北京市朝阳区西坝河南里17号楼
邮编 100028
电话 （010）64678009